KB144052

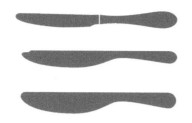

따라하고 싶은
테이블 매너

오재복 · 노연아 · 박반야 · 백종준 공저

매너 좋은 사람과 식사를 하면 그 사람과 친해지고 싶은 마음이 생긴다고 한다. 이러한 매너는 타고나기보다는 부단한 노력의 자기관리에 따른 것이다. 상대방의 문화를 이해하고 식사방법의 기술을 터득하여 식탁에서 품위를 지키고 상대방에 대한 배려로 멋진 인생이 펼쳐지기를 기대해 본다.

백산출판사

머리말

우리는 국제화 시대의 다양한 문화 속에서 생활하고 있다. 국제화 시대에서는 각국의 언어와 특정 분야뿐만 아니라 그 나라의 일상생활 방식까지도 공감할 수 있는 자세가 필요하다. 이 중 식사시간은 일상생활의 중요한 부분이기 때문에 테이블 매너는 그 무엇보다 중요하다고 할 수 있다.

멋지게 차려진 곳에서 사람들과 만나 이야기 나누고 맛있게 식사하는 모습은 누구나가 그려보는 근사한 장면이다. 이는 식사하는 공간에서 에너지를 얻고, 음식을 통해 소통하며 음식으로 치유되는 것까지도 기대함을 뜻한다.

식공간은 잘 차려진 음식이나 장식에서가 아니라 사람과의 배려와 매너에서 완성된다. 다시 말해 배려하는 마음과 식사자세에 의해 멋진 공간으로 재탄생된다는 뜻이다. 아무리 멋진 곳이라도 바르지 않은 자세로 상대방을 배려하지 않고 식사한다면 그 공간은 더 이상 멋진 공간으로 거듭날 수 없다.

최고의 매너는 상대방의 문화를 인정하는 자세에 있다. 우리의 식사방법은 한식 중심으로, 서양식 식사방법이 조금은 낯설 수 있다. 서양에서의 테이블 매너는 그 사람의 성장과정과 인품을 나타낸다. 특히 프랑스에서는 매너를 갖춘 사람이 성공적이고 멋진 삶을 영위한다고 여긴다.

최근 우리나라의 기업체에서도 면접 시 학교성적이나 스펙이라는 증명서보다는 그 사람을 알아보기 위하여 식사도 하고 일상을 같이 해보는 시간을 마련한다고 한다. 이러한 때일수록 잘 갖추어진 매너는 또 하나의 경쟁력이 될 것이다.

이 책은 다음과 같이 구성되어 있다. 1장은 테이블 매너의 시작으로 식사하기 전에 숙지해야 할 내용으로 테이블 세팅의 구성요소와 입장 순서, 좌석매너, 주문 그리고 식사도구인 커틀러리와 냅킨의 사용법에 관한 내용이다. 2장은 테이블 매너로 서양식 테이블 매너를 구체적으로 알아보고 시간에 따른 식사의 형태와 먹는 방법 그리고 각 나라의 식사 내용 및 먹는 방법이 정리되어 있어 각 나라의 식문화를 이해하고 나아가 해외에서 좋은 이미지로 소통할 수 있도록 도움을 줄 것이다.

3장은 음식의 매너로 서양의 대표 음식부터 과일에 이르기까지의 먹는 방법이 그림과 함께 구체적으로 제시되어 있다. 4장은 음료의 매너로 술의 종류와 각 나라의 음주 매너, 마시는 방법 그리고 커피와 차에 대한 내용으로 구성되어 있다.

테이블 매너는 어렵고 귀찮은 것이라 생각할 수도 있지만 매너는 사람들이 오랜 시간의 경험을 통해 만들어낸 하나의 약속이다. 이 약속을 잘 지켰을 때 우리는 서로를 존중하고 존중받는 질서 있는 사회로 나아갈 수 있다. 매너가 좋은 사람과 식사하면 그 사람과 친해지고 싶은 마음이 생긴다고 한다. 이러한 매너는 타고나기보다는 부단한 노력의 자기관리에 따른 것이다. 상대방의 문화를 이해하고 식사방법의 매너를 터득하여 식탁에서의 품위를 지키고 상대방에 대한 배려를 통하여 멋진 인생이 펼쳐지기를 기대해 본다.

2017년 2월
저자 일동

차례

CHAPTER 1 │ 테이블 매너의 시작 / 13

1. 매너와 에티켓_15
   1) 매너란 무엇일까?_15　　　　2) 에티켓이란 무엇일까?_15

2. 테이블 매너의 변천_17
   1) 시대별로 보는 테이블 매너의 역사_17

3. 초대와 초대장_20
   1) 초대장 발송 및 전화 확인_20　　2) 초대장 작성 시 필요한 내용_20

4. 테이블 세팅_22
   1) 테이블 세팅의 목적_22　　　　2) 테이블 톱의 5대 요소_22

5. 예약_28
   1) 예약하는 방법_28　　　　　　2) 예약 후_29

6. 입장_30
   1) 주최자_30　　　　　　　　　2) 게스트_30
   3) 입장순서_30

7. 좌석 매너_31
   1) 의자에 앉기_31　　　　　　　2) 코트 및 가방 보관하기_32

8. 좌석 배치_33
   1) 상석의 조건_33　　　　　　　2) 좌석 배치방법_33

9. 좌식 테이블의 착석_36
   1) 좌식 테이블 룸 입실방법_36　　2) 좌식 테이블에 앉는 방법_36

10. 주문하기_38
    1) 음식 주문하기_38　　　　　　2) 와인 주문하기_38
    3) 게스트가 있을 경우_38

11. 도구 사용방법_39
    1) 커틀러리의 이해_39　　　　　2) 커틀러리의 사용방법_39

12. 냅킨 사용방법_41
    1) 냅킨은 언제 펴서 사용해야 할까?_41
    2) 냅킨을 어디에 어떻게 올려놓아야 할까?_41
    3) 냅킨 링은 어떻게 사용할까?_42
    4) 냅킨은 어떻게 사용할까?_43

  5) 식사 중, 냅킨으로 표시할 수 있는 신호는?_43
  6) 하지 말아야 할 냅킨 사용방법은 무엇일까?_44

13. 전달 매너와 서빙 매너_45
  1) 전달방법_45   2) 서빙방법_46

14. 건배 제의_47
  1) 건배의 말_47   2) 건배 제의_47

CHAPTER 2 | 테이블 매너 / 49

1. 서양식의 특성_51
  1) 서양식 코스의 종류_51

2. 서양식 기본 테이블 매너_52

3. 서양식 아침식사_57
  1) 서양식 아침식사의 종류는?_57   2) 아침식사에서 빵이란?_58
  3) 아침식사에서 달걀요리_58   4) 에그 스탠드 사용방법_59

4. 브런치, 점심, 그리고 오찬_60
  1) 브런치_60   2) 런치_60
  3) 오찬_61

5. 프랑스 코스요리_62
  1) 프랑스 풀 코스요리 순서_62

6. 뷔페_65

7. 한식_67

8. 중식_70

9. 일식_74

10. 각국의 기본 매너_78
  1) 독일_78   2) 라틴 아메리카_78
  3) 브라질_79   4) 스페인_79
  5) 영국_80   6) 오스트리아_80
  7) 오스트레일리아_81   8) 이탈리아_81
  9) 포르투갈_82   10) 프랑스_82

CHAPTER 3 | 먹는 방법 – 음식의 매너 / 83

1. 카나페_85
   1) 종류_85   2) 먹는 방법_85

2. 파테, 테린, 그리고 갈랑틴_86
   1) 파테_86   2) 테린 & 갈랑틴_86

3. 캐비아_87

4. 푸아그라와 트러플_89
   1) 푸아그라_89   2) 트러플_89

5. 굴과 조개류_90
   1) 조리상의 특징_90   2) 굴 먹는 방법_90
   3) 조개류 먹는 방법_91

6. 수프 먹는 방법_92
   1) 수프의 종류_92   2) 수프 먹는 방법_92
   3) 수프와 함께 먹을 수 있는 음식_94
   4) 프렌치 어니언 수프 먹는 방법_94
   5) 수프를 먹을 때 삼가야 할 행동_94

7. 샐러드_95
   1) 코스요리에서의 샐러드_95   2) 샐러드 먹는 방법_95

8. 빵_98
   1) 아침에 제공되는 빵_98   2) 코스요리에서 제공되는 빵_98
   3) 빵의 종류에 따른 먹는 방법_99

9. 고기요리_102
   1) 돼지고기요리_102   2) 쇠고기요리_102
   3) 그 밖의 고기요리_104   4) 먹는 방법_104

10. 닭고기, 오리고기, 그리고 칠면조고기_106
    1) 닭고기 요리 먹는 방법_106   2) 오리고기 요리 먹는 방법_106
    3) 칠면조고기 요리 먹는 방법_107

11. 생선_108
    1) 조리상의 특징_108   2) 먹는 방법_108
    3) 생선 먹을 때 주의할 점_109

12. 갑각류_110
　　1) 새우 먹는 방법_110　　　　2) 게 먹는 방법_111
　　3) 로브스터 먹는 방법_111

13. 귤_112

14. 레몬과 라임_114

15. 멜론_116

16. 바나나_118

17. 사과_120

18. 살구, 복숭아, 그리고 체리_122

19. 수박_123

20. 치즈_124

21. 케이크_126

22. 파스타_128

23. 코스 외의 요리 먹는 방법_131
　　1) 샌드위치_131　　　　　　　2) 햄버거_131
　　3) 구운 통감자_131　　　　　　4) 통째로 찐 옥수수_132
　　5) 프렌치 프라이_132　　　　　6) 콩_132
　　7) 국수_132

24. 소스 먹는 방법_134

CHAPTER 4 | 마시는 방법 – 음료의 매너 / 137

1. 음료의 이해_139
　　1) 음료의 종류_139

2. 한국의 술 종류와 음주 매너_141
　　1) 한국술의 종류_141　　　　　2) 한국의 음주 매너_141

3. 중국의 술 종류와 음주 매너_143
　　1) 중국술의 종류_143　　　　　2) 중국의 음주 매너_143

4. 일본의 술 종류와 음주 매너_145
　1) 일본술의 종류_145　　　　2) 일본의 음주 매너_145

5. 맥주와 칵테일_147
　1) 맥주_147　　　　　　　　2) 칵테일_148

6. 위스키와 브랜디_150
　1) 위스키_150　　　　　　　2) 브랜디_151

7. 와인_153
　1) 와인의 종류_153　　　　　2) 와인의 적정온도_154
　3) 와인의 오더 방법_154　　　4) 와인과 어울리는 음식_155
　5) 와인 잔 설명_156　　　　　6) 와인 따르는 방법_156
　7) 와인 서빙받는 방법_157　　8) 와인 테이스팅 방법_157
　9) 와인 마실 때의 매너_158

8. 커피_160
　1) 커피의 이해_160　　　　　2) 커피의 종류_160
　3) 커피 마시는 방법_162

9. 차의 이해_163
　1) 차의 종류_163　　　　　　2) 차(茶) 우리는 방법_163
　3) 홍차의 종류_164　　　　　4) 차 마시는 매너_166

참고문헌 / 167

테이블 매너의 시작

1. 매너와 에티켓
2. 테이블 매너의 변천
3. 초대와 초대장
4. 테이블 세팅
5. 예약
6. 입장
7. 좌석 매너
8. 좌석 배치
9. 좌식 테이블의 착석
10. 주문하기
11. 도구 사용방법
12. 냅킨 사용방법
13. 전달 매너와 서빙 매너
14. 건배 제의

Manners & Etiquette

1 매너와 에티켓

매너는 배려이자 예의이고 에티켓은 규칙이자 범절이다.
특히, 오랜 시간의 습득을 통해 마음과 행동이 일치되게 하는 것이 중요하다.

1) 매너(Manner)란 무엇일까?

상대방을 배려하고 이해하는 마음에서 출발한 것으로 상대방이 불편을 느끼지 않게 행동하는 생활 방식이나 자세이며 다음과 같은 어원에서 합성된 단어이다.

> ### 라틴어의 'Manuarius'라는 단어에서 유래
>
> manus : [hand(손) + arius : [arium(~와 관계하는 것)
> '손과 관계하는' 즉 '행동하는 방법이나 방식'을 뜻함

그러므로 매너란 바른 언행과 태도로 상대방의 입장을 고려하는 마음가짐이며 배려와 예의이다.

2) 에티켓(Etiquette)이란 무엇일까?

에티켓은 사회질서, 공공의 안녕을 위하여 개개인이 지켜야 할 사회의 규범을 말하는 것으로 자기 공동체 내에서 지켜야 할 관습적, 종교적, 사회적, 정치적 형식이나 절차에 해당된다.

일상생활에서 지켜야 하는 규칙으로 반드시 그렇게 해야 하는 언행규범을 가리킨다. 그리고 특정한 사회나 나라마다 기본적으로 지켜야 하는 에티켓은 다를 수 있다.

즉 '매너'가 일상생활 속에서 지켜야 하는 일반적인 예의라면, '에티켓'은 규칙이나 예법 등 매너보다 조금 더 지켜야 하는 것으로 강제성을 띤다고 할 수 있다. 따라서 사회 규범을 잘 알고 에티켓을 잘 지키는 사람을 '매너가 좋은 사람이다'라고 하는 것이다.

에티켓(Etiquette) : 프랑스어 '붙이다'의 의미인 'Estiquier'에서 유래

루이 14세 시절, 베르사유 궁전의 연회에서 화장실을 찾지 못한 방문객들이 아무 곳에나 용변을 보자, 궁전의 관리인이 화장실을 안내하는 표지판을 설치하게 되었다. 이를 루이 14세가 따르게 하였고, 이것이 예의를 지키는 시작이 되었다.

19세기 프랑스 베르사유 궁전에 초대받은 사람들에게 궁전 내에서 지켜야 할 사항이나 예의범절 등을 적어 나누어주던 쪽지인 티켓(ticket)이 예의를 지키는 시작이 되었다고도 한다.

Changes of Table Manners

2 테이블 매너의 변천

테이블 매너는 어려서부터 교육을 받아 자연스럽게 행동하게 되는 생활예절이자 습관이다. 테이블 매너는 당신의 인품과 성장과정을 보여주는 것이므로 테이블 매너를 배우고 실행하는 것은 중요하다.

1) 시대별로 보는 테이블 매너의 역사

■ 14세기

이탈리아의 르네상스(Renaissance)시대부터 시작되었으며, 14세기의 프랑스는 구운 고기를 나누어 먹기 위해 사용했던 나이프 이외에는 손으로 식사했기 때문에 테이블 매너는 단순했다.

- 테이블 위에 음식을 흘리지 않을 것
- 소금이 담긴 그릇에 직접 고기류를 찍어 먹지 말 것
- 다른 사람 소매로 코를 풀지 말 것
- 치아에 낀 음식을 손이나 도구를 사용해서 빼고, 식탁에 두지 말 것

등의 최소한의 규칙만이 있었다.

■ 16세기 초

이탈리아 출신 카트린 드 메디치(Catherine de Médicis : 1519~1589)가 프랑스 왕가와 결혼하면서 프랑스 테이블 매너가 변화하기 시작했다.

- 포크와 나이프 사용으로 인한, 조리방식의 변화
  고기를 굽거나 재료를 넣고 끓이는 단순한 조리에서 다양한 조리방식으로 변화
- 다양한 식재료와 세련된 매너의 보급
  메뉴의 다양성, 디저트, 아이스크림, 와인 선별법 등

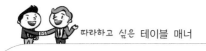
■ 18~19세기

상류층 사람들 사이에서는 다양한 종류의 커틀러리(Cutlery)를 이용한 식사법이 일반화되면서 프랑스의 독자적인 테이블 매너가 형성되었다.

■ 19세기

영국의 빅토리아 여왕 때에 이르러 왕과 귀족 사이의 행동양식이 부르주아지(Bourgeoisie)에게 전파되면서 매너는 국민적 성격을 띠게 되었다.

■ 현대

현대의 테이블 매너는 여러 나라의 식문화를 이해하는 것에서 출발하여 식사할 때 지켜야 하는 예절로 다음과 같은 점을 중요시하고 있다.

- 바른 자세
- 식사도구를 사용하는 방법
- 테이블에 합석한 사람들을 배려하며, 식사를 즐기는 방법
- 준비된 요리를 보다 맛있게 즐길 수 있는 방법

메디치(Medici)家

　메디치가문은 13~17세기까지 이탈리아 피렌체에서 강력한 영향력이 있었다. 메디치家는 세 명의 교황(레오 10세, 클레멘스 7세, 레오 11세)과 피렌체의 통치자(그 가운데서도 위대한 로렌초는 르네상스 예술의 후원자로 가장 유명함)를 배출하였다.

　이후 카트린 드 메디치의 혼인을 통해 프랑스와 영국 왕실의 일원이 되어, 예술과 인문주의가 융성한 환경으로 만들었다. 특히 1533년 프랑스 국왕의 아들 앙리 2세와 결혼한 카트린 드 메디치가 이탈리아에서 데려온 요리사와 제과 장인은 프랑스에 요리학교를 만들어 요리와 제과 등의 기술을 프랑스에 전수하였다. 이는 현재의 프랑스 요리와 문화가 발전하는 데 커다란 기여를 하였다.

로렌초 데 메디치

카트린 드 메디치

Invitation

3 초대와 초대장

초대장은 이벤트 목적을 알리고, 손님을 정중히 모시는 가장 기본적인 첫 번째 방법이다.
따라서 기분 좋은 초대는 식사자리 또한 즐겁게 만드는 테이블 매너의 시작이다.

1) 초대장 발송 및 전화 확인

■ 저녁식사 및 칵테일파티

보통 3~4주 정도의 시간여유를 두고 발송하며, 행사일 전에 다시 한번 전화연
락을 통해 참석 여부를 확인한다.

■ 중요한 세미나

6개월에서 8개월 전에 초대장을 보내며, 점심식사 또는 간단하게 차를 마실
경우에는 2주에서 3주 전에 초대장을 보낸다.

2) 초대장 작성 시 필요한 내용

- ■ 회사 로고(초대장 위 또는 아래)
- ■ 초대하는 사람 이름 또는 회사명
- ■ 초대 문구
- ■ 행사 종류(아침, 점심, 저녁, 파티, 세미나 등)
- ■ 행사 목적(론칭, 퇴임식 등)
- ■ 날짜, 시간, 장소(주소 및 지도)

ABC

ABC 매거진

안녕하세요. ABC 매거진입니다.
2017년 새로운 의류브랜드
○○○을 소개하고자 합니다.
꼭 참석하셔서 자리를
빛내주시길 바랍니다.

ABC 매거진 ○○○ 의류브랜드 론칭 파티

일시: 2017년 3월 3일 금요일 오후 6시
장소: ○○○ 플라자 3층 그랜드룸

○삼성역

서울시 강남구 삼성동 ○○○ 플라자

지하 주차장 및 발렛 서비스 가능

문의 사항은

아래 연락처로 문의해주세요.
02-○○○-○○○

■ 질문 및 회신받을 주소 또는 전화번호(초대장 아래 왼쪽 코너)

■ 드레스 코드(특별한 행사일 경우)

■ 추가사항(야외 행사일 경우 날씨에 따른 변경, 주차가능 여부 등)

Tip Point 행사 참여 후, 주최자에게 짧은 감사 글을 보내는 것은 상대방을 존중하는 하나의 표현이다.

Table Setting

4 테이블 세팅

테이블 세팅은 타인의 식사를 방해하지 않기 위한 방법이다.
유명한 셰프가 요리한 음식이라도 무질서한 곳에서 먹는다면, 진정한 맛을 알 수 없을
것이다.

1) 테이블의 세팅의 목적

테이블 세팅의 목적은 식사를 위한 기본적인 요소들을 적절한 위치에 배치하
여, 타인의 식사를 방해하지 않고 식사하기 편안하면서도 즐거운 분위기를 만들
기 위함이다.

2) 테이블 톱(Table Top)의 5대 요소

■ 디너웨어(Dinnerware)

디너웨어는 각종 그릇을 말하며, 종류는 토기, 석기, 도기, 자기 등이 있다.
자기(Porcelain)는 고령토를 원료로 하며 1,300℃ 이상에서 구운 그릇으로 얇
으면서 단단하다. 각 좌석의 중심을 표시하는 위치접시는 테이블 끝에서
2~3cm 안쪽에 세팅한다. 빵 접시는 디너접시를 중심으로 왼쪽 상단에 위치
한다.

■ 커틀러리(Cutlery)

커틀러리는 음식을 먹기 위해 사용하는 도구로 디너접시 오른쪽에는 나이프
류, 왼쪽에는 포크류가 세팅된다. 디저트용 커틀러리는 디너접시 상단에 세
팅되어 있는데, 디저트 스푼은 손잡이가 오른쪽을 향하고, 포크는 손잡이가
왼쪽을 향하도록 세팅한다. 격식 있는 자리에서는 은도금된 커틀러리를 선호
한다.

■ 글라스웨어(Glassware)

글라스웨어는 유리잔을 말한다. 대부분 오른손을 사용하기 때문에 물잔, 와인 잔 등은 디너접시 오른쪽 윗부분에 일렬 혹은 삼각형의 형태로 세팅한다.

기본 글라스웨어(Glassware)의 종류

- 고블릿: 스템(Stem)부분이 있는 튤립형태로 물, 맥주, 비알코올 음료를 담음
- 텀블러: 밑이 평평한 형태의 잔으로 물, 주스, 음료를 담음
- 레드와인 글라스: 테이블 세팅에서 잔의 용량이 가장 크고, 볼록하게 생김
- 화이트와인 글라스: 외부온도의 영향을 줄여, 차갑게 즐기기 위해 레드와인 잔 보다 작음
- 샴페인 글라스: 길고, 입구가 좁아 거품 및 향기를 유지함

■ 리넨(Linen)

식사할 때 사용되는 각종 천(Fabrics)류를 뜻하며 주로 디너접시 위에 직사각형 또는 냅킨 링에 끼워 세팅되거나 왼쪽에 위치해 전체적인 균형을 이룬다.

리넨(Linen)의 종류

- 테이블클로스(Table Cloth): 테이블 전체를 덮는 천
- 언더 클로스(Under Cloth): 테이블클로스 아래 깔아, 식기의 미끄러짐 및 내려놓을 때의 소음 방지
- 플레이스 매트(Place Mat): 자리를 표시할 수 있는 45×35cm 크기의 매트
- 냅킨(Napkin): 입가와 손을 닦는 천
- 러너(Runner): 테이블 중앙을 장식하는 천
- 도일리(Doily): 접시나 쟁반 위에 올려놓는 레이스 종류로 소음 및 미끄럼을 방지

■ 센터피스(Centerpiece)

센터피스는 테이블 중앙을 장식하는 것으로 크기에 따라 캔들이나 꽃 등 큰 것은 센터피스라 부르고 인형이나 새, 작은 동물상 등은 피거린(Figurine) 또는 피규어(Figure)라 부른다. 마주 앉은 상대방의 얼굴이 가려지지 않을 정도의 높이가 알맞고 향이 너무 강한 꽃이나 초는 사용을 자제한다.

소금과 후추는 빵 접시 위쪽에 개별로 세팅하거나 공동으로 사용할 수 있도록 중앙에 놓기도 한다. 네임카드는 주로 자리접시 위쪽 또는 글라스웨어 앞쪽에 놓고, 초대자에게는 대접받는 느낌을 줄 수 있다.

비격식 테이블 세팅(Informal Table Setting)

1. 위치접시(Serving Plate or Place Plate)

   (게스트가 좌석에 착석하면, 위치접시를 치워주거나, 그 위에 음식이 담긴 접시를 올려

   놓는다.)

2. 수프 스푼(Soup Spoon)

3. 디너 나이프(Dinner Knife)

4. 디너 포크(Dinner Fork)

5. 샐러드 포크(Salad Fork)

6. 물잔(Water Glass)

7. 와인 잔(Wine Glass)

8. 냅킨(Napkin)

격식 테이블 세팅(Formal Table Setting)

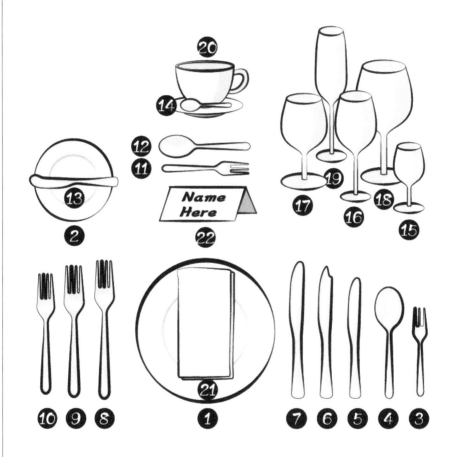

1. 위치접시(Serving Plate or Place Plate)

   (게스트가 좌석에 착석하면, 위치접시를 치워주거나, 그 위에 음식이 담긴 접시를 올려

   놓는다.)

2. 빵 접시(Bread Plate)

3. 칵테일 포크(Cocktail Fork)

4. 수프 스푼(Soup Spoon)

5. 샐러드 나이프(Salad Knife)

6. 생선 나이프(Fish Knife)

7. 디너 나이프(Dinner Knife)

8. 디너 포크(Dinner Fork)

9. 생선 포크(Fish Fork)

10. 샐러드 포크(Salad Fork)

11. 디저트 포크(Dessert Fork)

12. 디저트 스푼(Dessert Spoon)

13. 버터 나이프(Butter Knife)

14. 티 스푼(Tea Spoon)

15. 식전주 잔(Sherry Glass)

16. 화이트와인 잔(White Wine Glass)

17. 물잔(Water Glass)

18. 레드와인 잔(Red Wine Glass)

19. 샴페인 잔(Champagne Glass)

20. 커피 잔(Coffee Cup)

21. 냅킨(Napkin)

Reservation

5 예약

식사모임을 성공적으로 개최하는 비결은 준비와 절차이다.
그중에서 레스토랑을 이용하기 전에 예약하는 것은 중요하다.

1) 예약하는 방법

- 이용 날짜와 시간, 인원 수(어른, 아동, 유아로 구분) 등에 대하여 자세한 정보를 주면, 아이가 있는 경우 레스토랑에서 미리 유아용 의자 등을 준비할 수 있다.

- 모임의 목적을 이야기한다. 가족의 생일, 사교적인 모임 등과 같이 구체적인 모임의 내용을 알려주면, 식당 측에서는 어울리는 자리를 준비하여 목적에 맞는 서비스를 제공할 수 있다.

- 모임 주최자는 레스토랑의 동선, 코스의 내용, 가격, 혹은 참석자 중 특정한 음식에 알레르기가 있는지 등을 확인해야 한다. 또한 와인을 가지고 갈 경우 와인 코르크 차지(Cork Charge) 등 예약 시에 확인할 수 있는 대부분을 체크하는 것이 좋다.

- 모임을 주최하는 호스트(혹은 호스티스)의 이름과 연락처를 알려준다.

코르크 차지(Cork Charge)

요즘은 레스토랑에서 식사와 함께 와인을 즐기는 사람들이 늘고 있다. 일부 레스토랑에서는 자기가 보관하고 있거나, 외부에서 구입한 와인을 레스토랑에서 마실 경우 서빙해 주는 조건으로 병당, 혹은 잔당 일정 금액을 받고 있는데 이를 코르크 차지라 한다. 이는 예약 시 사전에 확인해야 하는 에티켓이다. 사전에 확인하지 않고 그 자리에서 요구하면 매너에 어긋나는 것이니 알아두자.

2) 예약 후

- 중요한 모임이나 윗사람과 함께하는 모임을 주최할 때, 익숙지 않은 레스토랑은 미리 가서 위치, 분위기 및 좌석 현황을 파악하는 것이 좋다.
- 약속시간은 반드시 지켜야 하며 가급적 미리 도착하도록 한다.
- 예약이란 상호 간의 신뢰를 바탕으로 한 약속이므로 만약 늦어지거나 예약한 인원 수에 변동이 있을 시에는 레스토랑에 미리 알려주는 것이 좋다.

노쇼(No-Show)

노쇼는 레스토랑 예약을 하고 연락 없이 나타나지 않는 것으로 이 용어는 항공사에서 시작되었다. 2015년 조선일보와 현대경제연구원에 따르면 일방적으로 예약을 어기는 노쇼 (No-Show) 손님이 늘어나기 시작하여 예약 부도로 발생하는 5개 부문(식당, 미용실, 병원, 고속버스, 소규모 공연장)의 매출 손실은 매년 4조 5,000억 원이라고 한다. 노쇼(No-Show)는 결국 비용 부담이라는 부메랑이 자신에게 돌아온다는 점을 잊지 말자.

Entering

6 입장

서양의 문화는 레이디 퍼스트가 기본이다.
상황과 장소에 따라 여성을 에스코트하는 것이 중요하다.

1) 주최자(Host 또는 Hostess)

- 주최자는 먼저 레스토랑에 도착하여 로비나 바에서 게스트를 기다리거나 행사장 입구에서 손님을 맞이한다.
- 호스트는 적어도 모임 15분 전에 도착해서 게스트가 도착할 때까지 밖에서 기다리고, 만약 레스토랑 측에서 게스트에게 자리를 안내할 경우, 테이블에 앉아서 기다린다.

2) 게스트(Guest)

- 게스트는 만약 주최자가 입구에서 안내하고 있지 않다면, 예약자의 이름을 안내 데스크에 말하고 직원의 안내에 따르면 된다.
- 호스트가 게스트를 안내한다면, 항상 게스트가 먼저 레스토랑 입구에 들어갈 수 있도록 하고 호스트는 게스트를 따라 들어간다.

3) 입장순서

- 레스토랑에 들어가는 순서는 직원이 앞장서고 다음으로 여성이, 마지막으로 남성이 뒤따르게 된다.
- 예약된 자리가 2층일 경우 계단을 오를 때에는 남자가 앞장서고 그 뒤를 여자가 따르고, 계단을 내려올 때에는 여자가 앞장서고 그 뒤를 남자가 따른다.
- 캐주얼한 레스토랑이나 종업원의 안내가 없는 경우, 남성이 앞장서고 뒤따라 여성이 들어간다.

Seating Manner

7 좌석 매너

편안한 식사를 위해서는 앉는 자세가 중요하며, 바른 자세는 상대방에게 신뢰감을 줄 수 있다.

1) 의자에 앉기

- 자리 안내를 받기 전에 화장실에서 볼일을 미리 보고, 손은 깨끗이 씻고 나오는 것이 좋다. 청결함은 물론 악수할 때 상대방에게 산뜻한 느낌을 줄 수 있기 때문이다.

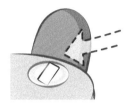

- 의자의 왼쪽으로 들어가서 앉는다. 나올 때도 같은 방향으로 나온다. 엉덩이는 의자 깊숙이 두고 허리는 반듯하게 세운다. 여성은 두 무릎과 다리도 같이 붙인다.

- 식사가 시작되면 의자를 테이블 쪽으로 당긴 후 테이블과 자신의 가슴과의 간격은 주먹 하나가 들어 갈 정도의 공간을 두고 앉으면 편안하다.

- **고급 레스토랑의 경우**

웨이터가 의자를 빼주면, 의자의 왼쪽으로 들어가서 잠시 기다렸다가 의자를 넣어줌과 동시에 앉는다. 이때, 남성은 여성이 앉는 것을 지켜보고 남성의 좌석에 앉는 것이 매너이다.

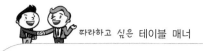

■ **남성이 에스코트할 경우**

• 남성은 여성이 앉을 상석의 의자를 빼주고 앉도록 권한다.

• 여성이 상석에 착석하면 남성은 의자를 넣어주고, 본인의 자리에 앉는다.

• 여성은 남성이 의자를 빼줄 때까지 기다린다.

2) 코트 및 가방(핸드백) 보관하기

■ 만약 클로크룸(Cloakroom)이 있다면, 자리에 착석하기 전에 코트 및 크기가 큰 가방을 맡기고 가벼운 옷차림으로 입장하는 것이 좋다. 식사가 끝나면, 다시 클로크룸에서 코트와 가방을 되돌려 받는다.

■ 개인주거 공간일 경우, 호스트 또는 호스티스는 코트 및 가방 보관장소를 안내하고, 게스트는 가방을 테이블로 가지고 오지 않도록 한다.

■ 작은 핸드백은 행거를 준비하여 테이블 위에 걸쳐놓은 다음 고리에 걸어두면 편리하다.

■ 행거가 없을 때, 핸드백은 의자 등받이와 자신의 등 사이에 놓거나, 자신이 앉은 자리 의자의 오른쪽에 위치하도록 내려놓는다.

■ 장갑을 끼었을 때는 의자에 앉은 후, 장갑을 벗어 핸드백 안에 넣어둔다.

클로크룸(Cloakroom)

겉옷이나 짐, 기타 휴대품을 맡겨두는 공간을 일컫는다. 고급 양식 레스토랑에서는 이전부터 부피가 큰 외투는 식사 매너에 어긋난다고 여겨 대부분 맡기고 입장하였다.

Seating Plan

8 좌석 배치

즐거운 식사자리는 상대방의 배려에서 나온다.
테이블의 좌석 배치는 상대방에 대한 배려이자, 존중을 표하는 것과 같다.

1) 상석의 조건

상석은 레스토랑에서 멋진 일등석을 말한다.

- 분위기가 좋은 곳
- 아름다운 풍경이 보이는 곳
- 입구와 멀리 떨어져 있는 레스토랑 안쪽
- 화장실이나 주방으로 들어가는 문이 보이지 않는 곳

2) 좌석 배치방법

■ 네임카드(Name Card)

- 격식 있는 모임이나 파티, 혹은 6명 이상의 게스트를 초대할 경우 혼란에 대비해 네임카드를 준비하는 것이 좋다.
- 네임카드가 없을 경우, 주최자가 먼저 들어가 자리를 안내하거나, 편한 곳에 앉을 것을 권해도 되는데, 이때에는 두 손가락 이상 또는 손바닥을 펴서 안내한다.
- 네임카드의 배치는 주최자의 특권이며, 그렇게 자리를 배치하는 이유가 있기 때문에 네임카드를 마음대로 옮기지 않는다.

■ 사각형 테이블(Rectangle Table)에 앉는 방법

• 사각형 테이블에서 가장 높은 위치에 있는 사람의 좌석은 모든 사람을 한 눈에 파악할 수 있는 테이블 끝자리이며, 호스트와 호스티스가 안내한다.

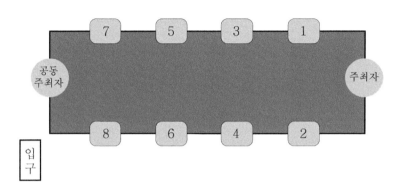

여러 명이 앉는 직사각형 테이블

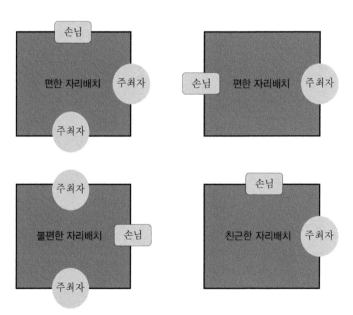

정사각형 테이블

■ 원형테이블(Round Table)에 앉는 방법

- 원형테이블의 경우 중요한 남자 게스트는 여자 주최자(Hostess) 오른쪽과 남자 주최자(Host)의 왼쪽 자리에 앉는다.
- 중요한 여자 게스트의 경우 남자 주최자(Host) 오른쪽과 여자 주최자(Hostess) 왼쪽 자리에 앉는다.
- 첫 번째로 중요한 게스트는 오른쪽에 배치하며, 그다음으로 중요한 게스트는 왼쪽자리에 배치한다.
- 배우자가 참석하지 않았을 경우, 게스트의 중요성에 따라 자리를 배치한다.
- 게스트나 윗사람이 룸에 도착하면, 자리에서 일어나며 앉을 때까지 기다렸다가 앉는다.

■ 좌석배치 시 주의사항

- 남성과 여성의 경우, 서로 마주보며 정면으로 앉으면 긴장감이 있으므로 이웃하여 앉거나 L자형으로 앉기도 한다.
- 상석은 항상 고정되어 있는 것이 아니므로 장소와 모임의 성격에 따라 변경된다는 점을 숙지한다.
- 다른 게스트들과 교류할 수 있도록 남편과 아내는 같이 앉지 않는 것이 좋다.

Sitting on the Floor

9 좌식 테이블의 착석

우리나라의 전통적인 생활양식은 온돌이나 마루 등에 앉아서 생활하는 방식이다. 따라서 의자가 아닌 바닥에 앉아서 식사하는 좌식문화가 있으며, 이는 일본도 비슷하다고 볼 수 있다.

1) 좌식 테이블 룸 입실방법

- 신발을 벗고 좌식으로 앉는 레스토랑의 실내에 들어갈 때에는 정면을 보고 신발을 벗고 올라간다.
- 신발의 방향을 바깥으로 향하게 바꾸어 놓는다. 신발을 바꾸어 놓을 때에는 등을 비스듬히 하여 무릎 꿇고 앉아서 바꾼다.
- 자리는 초대한 사람이 권하는 곳에 앉는 것이 좋으나 특별히 정해지지 않았을 때에는 끝 쪽에 앉는다.

2) 좌식 테이블에 앉는 방법

- 방석에 앉을 때는 무릎을 꿇는 정좌로 앉는 것이 기본인데 정좌에서 편한 자세로 앉는 타이밍이 중요하다. 불편하더라도 다 같이 건배할 때까지는 참는 것이 좋다.
- 건배를 하고 식사가 시작되면 다리를 옆으로 나란히 앉거나 편한 자세로 앉아도 실례가 아니다. 단, 다리는 편하게 앉더라도 상반신의 자세는 곧바르게 하여 앉아 있도록 한다.
- 식사가 끝난 후 일어날 때에도 주의가 필요한데, 정좌의 자세에서 양손을 바닥에 지탱하면서 자연스럽게 일어나도록 한다.

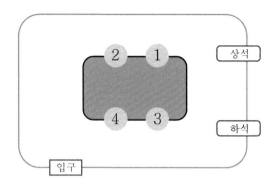

■ 주의사항

- 들어가는 장소를 등지고 신발을 벗는 것은 예의에 어긋나는 행위이다.
- 방에 들어갈 때는 방석을 밟고 들어가지 않도록 한다.
- 방석은 상대가 권한 다음에 앉아도 무방하지만 인사는 방석에 앉기 전에 하는 것이 매너이다.
- 상대가 권하기 전에 마음대로 앉지 않는다.
- 정식으로 인사를 한 후 방석에 앉는다.
- 방석의 위치를 바꾸지 않는다.
- 방석을 뒤집어 앉지 않는다.

How to Order

10 주문하기

주문할 경우 가능하면 큰 소리로 종업원을 부르지 않는다.
종업원과 눈을 맞추거나, 조용히 손을 들어 표시한다.

1) 음식 주문하기

무엇을 주문해야 할지 모를 경우, 풀코스를 주문하는 것이 좋다. 만약 코스요리 중 못 먹는 음식이 있다면 질문하는 식으로 다른 음식으로 변경할 수 있는지 종업원에게 물어본다.

코스요리의 경우, 도중에 배가 부를 수 있으므로 종업원에게 다음 코스부터 양을 조절해 줄 수 없냐고 질문하는 식으로 부탁한다.

여러 명이 음식을 먹을 경우, 먹기 편안하고 평범한 음식을 주문한다.

Tip Point 게스트를 초대하는 경우 예약할 때 게스트가 먹을 수 없는 음식의 종류를 미리 레스토랑 측에 이야기한다.

2) 와인 주문하기

와인 리스트를 보고, 와인을 주문할 경우 저녁식사를 위한 스페셜 와인 또는 하우스 와인이 있는지 확인한다. 만약 와인에 대해서 잘 모를 때는, 종업원에게 추천받도록 한다.

3) 게스트가 있을 경우

- 미리 음식을 주문할 때에는, 너무 저렴하거나 비싼 것을 주문하지 않는다.
- 각자 음식을 주문할 때에는, 게스트에게 먼저 주문의 권한을 준다.
- 게스트가 비싼 애피타이저나 메인을 주문했다면, 호스트도 그 메뉴와 비슷하게 주문한다.
- 게스트가 필요한 것이 있는지 확인하고, 종업원에게 부탁하듯 이야기한다.

How to Use Tools

11 도구 사용방법

음식을 먹기 위해 사용하는 도구를 커틀러리(Cutlery)라고 하며, 올바른 커틀러리 사용법은 식사자리를 더욱 즐겁게 만들 수 있다.

1) 커틀러리의 이해

커틀러리는 플랫웨어(Flatware) 또는 실버웨어(Silverware)라고 하며, 용도, 형태, 사용 대상에 따라 종류와 크기가 다양하다.

커틀러리는 세팅되어 있는 위치에서 바깥쪽부터 안쪽을 향하여 순서대로 사용하며, 중복하여 사용하지 않는다. 따라서 테이블에 세팅되어 있는 커틀러리의 수로 몇 가지의 음식이 나오는지 알 수 있다. 레스토랑에 따라 음식에 맞추어 그때그때 세팅되는 경우도 있다.

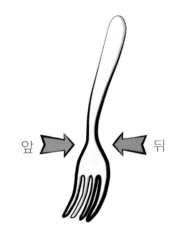

앞 ▶ ◀ 뒤

2) 커틀러리의 사용방법

■ 포크와 나이프 잡는 방법

- 포크는 왼손으로 잡으며, 검지와 엄지로 포크 손잡이를 쥔다. 포크의 앞부분을 아래로 향하게 한 후, 검지를 펴서 포크 손잡이 뒷면에 올린다. 엄지는 검지의 두 번째 마디 정도쯤에

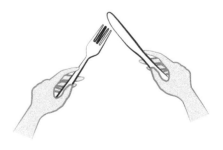

서 포크의 앞부분을 받쳐준다. 포크를 오른손으로 옮겨서 잡을 때는 스푼처럼 잡고 사용하면 된다.

• 나이프는 오른손으로 잡으며, 손잡이 부분을 손으로 움켜쥐듯 잡는다. 검지를 펴서 나이프 윗면에 올려, 음식을 자를 때 힘이 갈 수 있도록 한다.

 Tip Point 왼손잡이는 나이프는 왼손에, 포크는 오른손으로 잡고, 포크와 나이프를 잡는 손의 위치는 바꾸지 않는다.

■ 식사 중

음료를 마시거나 잠깐 자리를 비울 때 또는 음식 먹는 것을 잠시 중단할 때에는 포크의 뒷면을 위로, 나이프의 칼날을 안쪽으로 향하게 하고 여덟 팔(八)자 모양이 되도록 접시 위에 놓는다. 이때 손잡이 부분이 테이블에 닿지 않도록 하는 것이 중요하다.

Tip Point 식사 중 커틀러리를 떨어뜨렸을 경우, 직접 줍지 말고 종업원을 부른다. 이때 큰 소리로 부르지 않으며, 종업원과 눈을 맞추고 고개를 끄덕이거나, 가볍게 손을 든다.

■ 식사 마침

접시를 치워달라는 사인으로 포크는 앞부분이 위로, 나이프의 칼날은 안쪽으로 향하게 하고 네 시와 다섯 시 사이의 방향에 가지런히 놓는다.

포크와 나이프를 정리하기 전에 먹다 남은 음식은 접시 한쪽에 모아 놓는다.

How to Use a Napkin

12 냅킨 사용방법

냅킨은 청결뿐만 아니라 식사 시작과 종료를 알리는 신호의 용도로도 사용된다.
냅킨을 펴는 순간 식사는 시작된다.

1) 냅킨은 언제 펴서 사용해야 할까?

■ 초대받았을 경우

초대한 사람이 냅킨을 무릎 위에 올려놓으면 그 후에 사용한다.

■ 평상시에

음식이 나오기 시작하면 냅킨을 무릎 위에 올려놓는다.

■ 뷔페의 경우

식사를 시작할 때 냅킨을 무릎에 올려놓으면 된다.

Tip Point 동석자가 모두 착석한 뒤, 첫 요리가 나오기 전에 펴는 것이 좋다.

2) 냅킨을 어디에 어떻게 올려놓아야 할까?

테이블 위에 놓인 냅킨은 테이블 아래로 가져와 조용히 편 후 다음과 같이 놓는다.

■ **점심(Lunch)용**

냅킨은 크기가 작기 때문에 전체를 다 펴서 무릎 위에 올려놓는다.

■ **저녁만찬(Dinner)용**

냅킨은 아래 그림과 같이 반으로 접어서 무릎 위에 올려놓는다.

■ **냅킨을 안정감 있게 사용하고 싶을 때**

냅킨을 사선으로 접어 무릎 위에 올려놓고 한쪽 끝은 허벅지 밑에 살짝 끼워둔다. 이렇게 하면 냅킨이 고정되어 있어 움직여도 냅킨이 떨어질 염려가 적다.

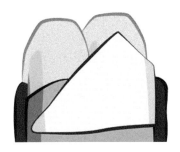

■ **식사가 끝나면**

냅킨의 지저분한 부분이 보이지 않도록 느슨하게 접어서 접시가 세팅되어 있던 가운데 자리에 올려놓으면 된다. 접시가 있으면 접시 왼쪽에 놓는다.

Tip Point 냅킨을 테이블 위에 올려놓은 뒤에 커피 또는 디저트가 나오면 다시 냅킨을 무릎 위에 올려놓는다. 차와 디저트 타임도 식사의 일부라는 것을 잊지 말자.

3) 냅킨 링은 어떻게 사용할까?

■ **냅킨에 냅킨 링이 꽂혀 있다면**

냅킨을 뺀 링은 테이블 전체 세팅의 왼쪽 윗부분에 올려놓는다.

■ **식사가 끝나면**

냅킨의 중간부분을 잡고, 다시 링을 끼운다. 이때, 포인트 부분이 테이블 중심을 향하게 한다.

4) 냅킨은 어떻게 사용할까?

■ 먹기 힘든 음식을 먹을 때

꼬치구이가 서브되었을 때 왼손으로 냅킨을 둘러 꼬치 끝을 쥐고, 오른손의 포크로 고기를 빼서 접시에 담은 후 먹는다. 생선 가시는 냅킨으로 입을 가리고 뱉어내면 깔끔하게 처리할 수 있다.

■ 음료를 마시기 전

와인이나 음료를 마시기 전 냅킨으로 입을 가볍게 닦은 후 음료를 마신다. 글라스에 자국이 생기지 않도록 한다.

■ 입가를 닦을 때

두 겹으로 접은 냅킨을 가볍게 펼친 후 냅킨의 안쪽을 사용하여 입가에 묻은 기름기를 누르듯이 닦아주고, 여자들의 경우 립스틱이 묻지 않을 정도로 살살 터치하듯 사용한다. 사용한 부분이 보이지 않도록 다시 접어서 무릎 위에 올려놓는다.

5) 식사 중, 냅킨으로 표시할 수 있는 신호는?

■ 식사 시작

냅킨을 펴서 무릎 위에 올려놓는다.

■ 식사 중간

잠시 자리를 뜰 때는 냅킨을 가볍게 접어 자신의 의자 위에 올려놓는다.

■ **식사 마무리**

식사가 끝났음을 알릴 때에는 테이블 위에 냅킨을 올려놓는다. 초대한 사람이 냅킨을 접시 왼쪽에 올려놓으면, 준비한 모든 식사가 끝났다는 뜻이다.

 식사 도중 자리를 잠시 비울 때, 천을 씌운 의자의 경우, 냅킨의 지저분한 부분이 의자에 닿지 않도록 잘 접거나, 위로 향하게 올려놓는 센스, 잊지 않도록 한다.

6) 하지 말아야 할 냅킨 사용방법은 무엇일까?

■ 와이셔츠 깃 안으로 집어넣지 않는다.

■ 목에 묶거나, 셔츠의 단추 사이에 끼워 넣지 않는다.

■ 바지 벨트 안으로도 집어넣지 않는다.

■ 남의 시선을 의식하는 사람으로 보일 수 있으니, 먹을 때 조금씩 입에 묻지 않도록 조심해서 먹고, 너무 자주 입을 닦지 않는다.

■ 초조하거나 불안해 보일 수 있으니, 불필요하게 만지작거리지 않는다.

■ 안경 등을 닦지 않는다.

■ 코를 풀거나 땀을 닦지 않는다. 이때에는 티슈를 사용하거나, 양해를 구한 뒤 조용한 장소로 이동해 닦는다.

■ 물수건은 손을 닦을 때만 사용하고, 얼굴은 닦지 않는다.

비행기에서는 냅킨을 가슴에 걸거나 목에 둘러도 괜찮다.

Passing & Serving

13 전달 매너와 서빙 매너

식사 중 테이블에는 나만의 고유한 식사 공간(space)이 존재한다.
또한 다른 사람들과 함께 사용하는 공통의 공간(space)도 존재한다.

1) 전달방법

■ 음식과 접시를 전달할 경우

- 음식이 담긴 접시는 오른쪽의 사람에게 건네주며 한 방향으로만 옮기는 것이 좋다.
- 건네주는 사람은 옆에 있는 사람이 개인접시에 음식을 담을 수 있도록 접시를 들고 있는다.
- 그릇이 무거우면 테이블 위에 올려놓고 옆으로 옮겨도 무방하다.
- 손잡이가 있는 피처나 그릇의 경우 손잡이가 있는 부분을 받는 사람 쪽으로 건네준다.
- 개인용 접시가 있는 경우 서빙 도구를 사용하여 각자 음식을 담아 먹는다.

■ 소금·후추를 전달할 경우

- 음식이 나왔을 때 맛도 보지 않고 소금과 후추를 첨가하는 것은 만든 사람에 대한 예의가 아니므로 맛을 보고 소금과 후추를 넣도록 한다.
- 소금이 단지 등에 담겨 있으나, 스푼이 안에 없을 때에는 깨끗한 나이프를 사용해 조금 덜어내고, 사용한 뒤 소금과 후추는 제자리에 다시 돌려놓는다.

> **Tip Point** 외국의 경우, 다른 사람에게 소금과 후추를 건넬 때에는 상대방이 한 가지만을 부탁했어도, 항상 소금과 후추를 함께 건네준다.

2) 서빙방법

- 음식을 게스트에게 직접 서빙할 때, 항상 게스트의 왼쪽에서 테이블 위에 그릇을 놓는다.
- 조금 더 캐주얼한 자리에서는 호스트가 직접 테이블을 돌아다니며, 게스트의 접시 위에 음식을 올려주거나 게스트들이 각자 음식을 덜어내고 옆으로 건네주기도 한다.
- 서빙도구를 사용할 때, 서빙도구는 서빙접시 오른쪽에 놓는다.
- 서빙스푼과 포크가 같이 있을 경우에는 스푼은 덜어서 옮길 수 있도록 오른쪽에 놓으며, 포크는 고정시키고 잡을 수 있도록 왼쪽으로 놓는다.
- 사용한 도구는 다시 원래 있던 위치에 놓아야 한다.
- 서빙스푼이 볼이나 그릇 받침(Under Plate) 위에 있을 경우에는 사용한 뒤 볼 안에 넣어 다음 사람이 편안하게 사용할 수 있도록 해준다.
- 나이프의 경우 위험을 방지하기 위해 항상 칼날의 방향이 접시 안쪽을 향하도록 놓는다.

How to Propose a Toast

14 건배 제의

건배는 술자리에서 서로 잔을 들어 축하하거나 건강 또는 행운을 비는 것으로, 원래는 신(神)에게 바친 술로 건배하고 죽은 사람에 대하여 행하는 종교적 의례에서 기원하였다.

1) 건배의 말

본래의 의미인 종교적인 의례에서 그 의미가 변하면서 나라마다 풍속, 습관, 연회 등의 종류에 따라 건배의 말과 방식도 다르다.

■ 영국에서는 건배를 토스트(toast: 구운 빵)라고 하며, 경축할 때에는 프로지트(prosit), 이별할 때는 치리오(cheerio)라고도 한다.

■ 프랑스에서는 브라보(bravo: 만세 또는 칭찬의 뜻) 또는 아보트르상테(à votre santé: 건강을 축하한다는 뜻)라 하며 건배한다.

2) 건배 제의

건배 제의는 그날의 호스트와 게스트들에게 칭찬, 감사에 대한 것을 전달하는 의미가 있다.

■ **식사 전 건배 제의의 경우**

호스트는 자리에 앉아서 게스트들에게 와준 것에 대해 감사하다는 내용을 담아 건배 제의를 한다.

■ **디저트를 먹기 전에 할 경우**

서서 건배 제의를 한다.

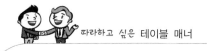

■ **여러 번의 건배 제의가 이어질 경우**

호스트의 토스트가 끝난 후, 그날의 귀빈에게 건배 제의를 받고 싶을 경우, 글라스를 손으로 잡고 잔을 다시 채운다.

■ **건배 제의를 받은 후**

모든 건배 제의가 끝난 후 건배 제의를 받은 귀빈의 경우, 호스트에게 파티 준비에 대해 감사인사를 전해야 한다. 자리에 앉아서 건배 제의를 받을 경우, 글라스는 들고 있도록 한다.

■ **건배 후의 매너**

• 글라스는 눈높이까지 높인 다음 상대방을 향하여 가볍게 잔을 밀었다 당긴 후 마시며, 서로 잔을 부딪치지 않아도 된다.
• 술을 못 마시는 사람의 경우, 입술을 살짝 대는 시늉만 해도 된다.
• 목을 축이듯이 마신다.
• 동석자의 술잔이 비어 있지 않도록 신경을 쓴다.

토스트(Toast)

토스트라는 단어의 본래 의미는 대중적인 라틴어 토스타레(tostáre: 불에 굽다)에서 나온 것으로 화덕에 구운 빵이었다. 17세기까지는 와인을 마실 때 흔히 토스트 한쪽을 넣어 마시곤 하였다. 당시의 와인은 지금처럼 고급스럽고 깨끗하게 만들지를 못하였다. 그래서 와인에 빵 한 조각을 넣으면 와인의 신맛도 완화시키고 술의 풍미를 더했다고 한다. 이것이 시대를 지나면서 'have a toast'가 건배한다는 의미가 되었다고 한다.

물잔으로 건배하지 않기

물을 채운 잔으로 건배를 하는 것은 에티켓에 벗어난 행동으로, '빈 잔'으로 하는 편이 더 낫다. 고대 그리스인들은 죽은 자는 지하에 흐르는 망각의 강 '레테'의 물을 마시고 과거를 잊는 의식을 치른다고 믿었다. 그래서 그리스인들은 죽은 이를 보낼 때 잔에 물을 채우고 건배를 하며 죽은 이가 다른 세상으로 무사히 가기를 빌었다. 그래서 물을 채워 건배하는 것은 상대방의 불행 또는 죽음을 비는 것으로 여겨져 건배 제의자의 죽음을 상징하는 일로 여겨진다고 한다.

Chapter

테이블 매너

1. 서양식의 특성
2. 서양식 기본 테이블 매너
3. 서양식 아침식사
4. 브런치, 점심, 그리고 오찬
5. 프랑스 코스요리
6. 뷔페
7. 한식
8. 중식
9. 일식
10. 각국의 기본 매너

The Characteristics of Western Style

1 서양식의 특성

한식은 공간전개형인 한상차림이며, 서양식은 시간전개형인 코스 메뉴로 구성되어 있다.
각각의 코스에 따른 식사법과 예의를 익히는 것이 테이블 매너의 시작이다.

1) 서양식 코스의 종류

서양식의 기본은 프랑스 요리에 그 바탕을 두고 있으며, 크게 두 가지 종류로
나눌 수 있다.

■ 풀코스 메뉴(Full Course Menu)

일반 레스토랑에서의 정찬 메뉴인 풀코스 메뉴는 셰프가 그 계절에 나오는
가장 신선한 제철 식재료를 사용하여 식사의 흐름에 맞게 양과 조리법, 식사
순서, 플레이팅을 달리하여 메뉴를 구성하는 것이 특징이다.

또한, 음식 나오는 순서가 정해져 있기 때문에 자신의 취향에 맞는 메뉴를
선택할 수는 없으나, 대체로 고품질의 메뉴들을 합리적인 가격으로 모든 코
스를 즐길 수 있다.

Tip Point 풀코스를 대신할 수 있는 정식 메뉴인 타블 도트(Table d'Hote)는 애피타이저,
메인, 디저트로 정해진 3코스 디너이다.

■ 알라 카르트(A la Carte)

일품요리는 각 코스별로 음식이 다양하게 준비되어 있는 메뉴 중, 각자의 취
향에 따라 한 가지씩 자유롭게 선택하여 먹을 수 있는 요리이다. 따라서 메뉴
의 종류에 따라 가격에 차이가 있으며, 값이 비싼 특별요리도 있다.

Tip Point 스페셜 메뉴 혹은 셰프의 추천 메뉴는 셰프의 특별요리로 고객의 기호, 계절의
특색 있는 양질의 재료, 저렴한 가격 등에 맞게 매일 다양한 메뉴를 제공하는
것을 말한다. 합리적인 가격과 신선한 재료로 만들어져 처음 가는 레스토랑에
서 고민하지 않고도 그 레스토랑의 특색 있는 요리를 맛볼 수 있어 좋다.

Basic Table Manners

2 서양식 기본 테이블 매너

우리나라의 테이블 매너와 서양식 테이블 매너는 상대방을 배려하기 위해 만들어진 것으로 크게 차이가 없다.

■ 입안의 음식물이 보이지 않게 먹는다

음식물이 보이게 입을 벌리고 먹지 않으며, 쩝쩝 소리를 내지 않는다.

■ 급하게 먹지 않는다

천천히 음식을 먹으며, 충분히 그 자리를 즐긴다.

■ 음식물이 입안에 있을 때 말하지 않는다

- 음식물이 입안에 있을 때 대화를 하면 보기에도 좋지 않지만 알아듣기도 힘들다.
- 음식물이 조금이라도 입안에 남아 있으면 말을 하지 않으며, 상대방에게 양해를 구하고, 입안의 음식을 다 먹은 후, 질문에 답한다.

■ 접근

무엇인가 필요할 때, 내 구역 안에 있는 것에만 접근하며, 다른 사람의 자리 쪽까지 침범해야 할 경우, 양해를 구하고 필요한 것을 건네 달라고 부탁한다.

■ 입안을 가득 채우지 않는다

크기가 큰 음식을 입안으로 구겨 넣지 않으며, 입안이 이미 가득 차 있으면 다른 음식을 먹지 않는다.

■ 음식을 불지 않는다

뜨거운 음식을 먹는다고 해서 식히기 위해 입으로 불지 않는다.
격식을 차리지 않는 자리의 경우, 얼음을 사용해 뜨거운 차를 식혀도 괜찮다.

■ 커틀러리를 흔들지 않는다

커틀러리를 들고, 제스처를 하며 대화하지 않는다. 상대방에게 불안감을 느끼게 할 수 있다.

■ 꼼지락거리지 않는다

타이, 주얼리, 머리, 냅킨 등을 만지며 꼼지락거리지 않는다.

■ 손을 흔들지 않는다

서빙을 원하지 않을 때, 손을 흔들며 거부 의사를 밝히지 않는다.
"괜찮습니다"라고 정중하게 말로 표현한다.

■ 접시를 밀지 않는다

음식을 다 먹었다는 표시로 접시를 밀지 않는다.

■ 구부정하게 앉지 않는다

뻣뻣하게 앉아 있을 필요는 없다. 어깨를 구부리고 앉지 않으며, 의자에 너무 기대어 앉지도 않는다. 의자에 너무 기대앉을 경우, '나는 관심이 없다'는 뜻으로 보일 수 있으므로 테이블 매너에 어긋나는 행동이라 볼 수 있다.

■ 이를 쑤시지 않는다

이쑤시개는 레스토랑을 걸어다니거나, 다 같이 앉은 테이블에서 사용하지 않는다. 또한 혀를 사용해 소리를 내며 이에 낀 음식물을 제거하지 않는다.

■ **몸단장을 하지 않는다**

테이블 주변에서 매무새를 단장하지 않는다. 레스토랑 테이블에서 빗질을 하거나 립스틱을 바르거나 화장을 수정하지 않는다. 특히 음식이 서빙되고 있을 때는 팔을 머리 주변 쪽으로 움직이지 않는다.

■ **팔꿈치를 테이블에 올려놓지 않는다**

팔꿈치를 테이블 위에 올려놓지 않는다. 만약 음식을 먹지 않거나, 도구들이 테이블에 세팅되어 있지 않을 경우에는 괜찮다.

■ **발을 꼬지 않는다**

발을 꼬아서 앉으면 반듯한 자세로 앉기 어렵다. 발을 꼬지 않고 떨지 않는다. 여성은 무릎과 다리를 붙이면 허리가 펴진다.

■ **음식물을 입에서 빼낼 때**

• 도구를 사용하여 음식을 먹었을 경우, 한 손으로 입을 가리고 도구를 사용해 입안의 음식물을 꺼낸다.
• 치킨, 자두 같은 음식을 손으로 먹었을 경우, 뼈나 씨는 손으로 꺼낸다. 단, 생선의 경우 포크로 먹었어도 뼈 자체가 얇기 때문에 손으로 꺼내도 된다.
• 가능하다면, 입에서 꺼낸 음식물은 보이지 않게 다른 음식물로 덮어둔다.
• 누군가의 집에서 식사를 하는 경우, 음식이 이상하거나 입에 맞지 않을 때 음식을 준비한 사람이 민망해 할 수 있으므로 티가 나지 않게 하거나, 적당한 이유를 찾아서 이야기한다.
• 음식물을 입안에서 꺼낼 때 냅킨을 절대 사용하지 않는다.

■ **맛을 볼 때**

상대방의 음식을 맛볼 경우, 나의 포크를 상대방에게 건네고, 한입에 먹을 수 있는 작은 사이즈를 건네받는다. 또는 상대방이 가까이에 앉아 있다면, 상대방이 음식을 올려놓을 수 있도록, 내 접시를 잡고 기다린다. 포크에 음식을 한가득 담아, 상대방의 입에 가져다주지 않으며, 다른 사람의 접시에 포크를 가져다 두지 않는다.

■ 실례하기

화장실에 갈 경우, 조용히 일어나 "잠시 실례하겠습니다. 금방 돌아오겠습니다"라고 말하면 된다. 만약 다른 일로 실례해야 할 경우 간단하게 설명하고, 양해를 구한다. 하지만 긴급한 상황이 아니면, 식사하는 동안 자리에서 일어나지 않는다.

■ 도구를 바닥에 떨어뜨렸을 때

냅킨, 커틀러리, 음식 등이 바닥에 떨어졌을 때, 절대 허리를 숙여 줍지 않는다. 직원이 새로운 것을 가져다주기를 기다린다. 만약 직원이 알아차리지 못한다면, 정중히 부탁한다.

■ 엎질렀을 경우

접시에 있는 음식을 엎질렀을 경우, 깨끗한 스푼이나 나이프를 이용해 음식을 담고, 냅킨을 적셔 얼룩진 부분을 누르듯이 닦는다. 음료를 쏟았을 경우, 빠르게 글라스를 똑바로 세운 후, 주변 사람들에게 피해가 가지 않았는지 확인하고, 미안하다는 말을 한다. 직원에게 치워달라고 신호를 보내며, 집에 초대받은 경우, 호스트에게 도움을 요청한다.

■ 먹기 힘든 음식을 먹을 경우

음식물이 이에 끼는 경우가 있다. 이때, 식사하기 힘들 정도로 입 속의 이물질이 걸린다면, 양해를 구하고, 화장실에 가서 해결한다. 상대방의 옷이나 이에 음식물이 묻어 있다면, 이야기해 준다. 만약 여러 명이 식사하는 자리라면, 눈짓으로 상대방에게 신호를 보내, 다른 사람들이 눈치채지 못하도록 알려준다.

■ 기침과 재채기가 나올 경우

기침이나 재채기가 나오려고 하면 손수건(handkerchief), 티슈, 냅킨으로 입을 막는다. 만약 이러한 것들이 주변에 없다면, 손으로 가리고 한다. 또한 재채기가 끝나면 "실례했습니다"라고 말한다. 만약 코를 풀어야 할 경우, 양해를 구하고, 화장실로 가서 해결한 뒤 손을 씻고 나오도록 한다.

■ 목에 음식물이 걸렸을 경우

큰 음식물 또는 물이 목에 걸렸을 경우, 입을 가리고 기침을 한다. 기침이 계속될 경우, 양해를 구하고 자리에서 일어난다. 만약 기침 또는 말을 못 할 정도로 심각한 상황이라면, 직원 또는 주변인들에게 도움을 청한다.

Breakfast

3 서양식 아침식사

잘 먹는 기술은 결코 하찮은 기술이 아니며, 그로 인한 기쁨은 작은 기쁨이 아니다.
– 미셸 드 몽테뉴(Michel de Montaigne)

1) 서양식 아침식사의 종류는?

서양식 아침식사는 크게 3종류로 구분된다.

■ 잉글리시 브렉퍼스트(English Breakfast)

영국식 아침식사로 훈제청어 또는 생선튀김과 베이컨, 과일주스, 시리얼, 달걀요리, 혹은 소시지 등과 함께 우유와 설탕을 첨가한 홍차 등을 먹으며, 다른 나라에 비해서 푸짐하게 먹는 것이 특징이다.

■ 콘티넨탈 브렉퍼스트(Continental Breakfast)

영국을 제외한 유럽식 아침식사로 빵과 음료만으로 이루어진 간단한 식사이다. 크루아상이나 브리오슈 등 부드럽고 버터가 많이 들어간 빵과 함께 커피, 티, 주스, 우유 등으로 간단하게 즐길 수 있다. 요즘은 메뉴가 간단하게 구성되어 있기 때문에 달걀요리나 감자요리, 소시지 등의 일품요리를 추가해서 먹기도 한다.

Tip Point 프랑스에서는 카페오레와 빵으로 간단하게 하루를 시작한다.

■ 아메리칸 브렉퍼스트(American Breakfast)

미국식 아침식사로 콘티넨탈 브렉퍼스트에 비해 가짓수가 많은 것이 특징이다. 신선한 과일주스, 시리얼과 우유, 요거트, 다양한 달걀요리, 크루아상, 브리오슈, 데니시 롤과 같은 아침 빵뿐만 아니라 토스트 등을 잼과 함께 맛보며, 그릴요리도 즐길 수 있다.

2) 아침식사에서 빵이란?

일반적으로 아침식사 때 먹는 빵은 식사의 개념으로 먹는 것이기 때문에 양껏 먹으며 보통은 따뜻하게 먹는 것이 좋다. 아침식사에는 빵이 주가 되므로 달콤한 맛의 잼이 나오며, 이후의 점심식사와 저녁식사에서 빵은 보조 역할이므로 잼이 제공되지 않는다.

3) 아침식사에서 달걀요리

아침식사의 메인으로 대개 달걀요리가 사용되는데, 이때에는 햄, 베이컨, 소시지 등 여러 종류의 구운 고기와 으깬 감자 또는 고구마, 토마토, 버섯, 아스파라거스 등의 채소와 함께 먹는 것이 일반적이다.

■ **오믈렛(Omelette)**
햄이나 채소 등을 넣은 달걀을 저으면서 럭비공 모양으로 말아 익힌 요리

■ **스크램블드 에그(Scrambled Egg)**
달걀에 우유, 버터 등을 함께 넣고 저으면서 익힌 요리

■ **프렌치 토스트(French Toast)**
식빵을 두툼하게 잘라 우유와 설탕을 넣은 달걀물에 적신 후 양면을 노릇하게 익힌 요리

■ **에그 베네딕트(Egg Benedict)**
구운 잉글리시 머핀 가운데 햄이나 베이컨 등을 넣고 수란을 올린 뒤 홀랜다이즈 소스(Hollandaise Sauce)를 뿌린 미국식 샌드위치 요리

■ **포치드 에그(Poached Egg: 수란)**
끓는 물에 식초를 넣고 그릇에 그대로 깨 놓은 달걀을 넣어 익힌 것으로 토스트 위에 올려 먹기도 함

■ **반반숙(Soft Boiled Egg)**

끓기 시작한 물에 4~5분간 삶아 익힌 것

■ **반숙(Medium Boiled Egg)**

노른자가 반 정도 익을 때까지 끓는 물에서 6~7분간 삶은 것

■ **완숙(Hard Boiled Egg)**

끓기 시작한 물에서 노른자까지 완전히 익도록 12~13분간 삶은 것

■ **프라이드 에그(Fried Egg)**

• Turn Over(Over Easy): 양쪽 다 익히는 것

• Over Hard: 완전히 익히는 것

• Sunny Side Up: 한쪽 면만 익히는 것

Sunny Side Up

4) 에그 스탠드 사용방법

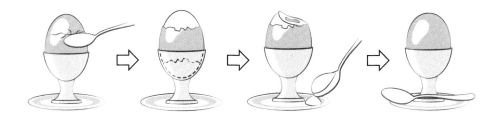

① 스푼으로 달걀 주변을 수평으로 두드린다.

② 동그랗게 뚜껑처럼 깨진 달걀껍데기는 에그 스탠드 안에 넣는다.

③ 소금은 작은 스푼으로 떠서 뿌려 먹는다. 소금 없이 그냥 먹기도 한다.

④ 다 먹은 후, 달걀 윗부분이 보이지 않도록 뒤집어 놓는다.

Brunch, Lunch & Luncheon

4 브런치, 점심, 그리고 오찬

인생에서 성공하는 비결 중 하나는 좋아하는 음식을 먹고 힘내 싸우는 것이다.
– 마크 트웨인(Mark Twain)

1) 브런치(Brunch)

오전 10~12시 사이에 하는 이른 점심식사이다. 점심식사의 양보다는 가볍게 제공되며, 미국에서 시작되었다. 브런치에서는 알코올을 마시지 않는 것이 원칙이지만, 가벼운 와인 정도는 마셔도 좋다.

2) 런치(Lunch)

점심식사(Lunch)의 구성은 저녁식사와 비슷하지만, 가벼운 메뉴로 구성되어 있으며, 알라 카르트(일품요리)와 타블 도트(정식요리)의 중간형태이다.

■ 런치 코스

순서 : 빵 → 애피타이저(수프 또는 샐러드) → 메인(생선 또는 고기) → 커피

■ 단품요리

• 점심의 경우, 메인과 음료만 주문해도 되며, 파스타 등 단품요리 한 가지만을 주문해도 된다.

- 알라 카르트는 일품요리이기 때문에, 양이 충분해 런치에 많이 먹는다.

Tip Point
1. 먼저 메인을 정하고, 그에 맞는 전채를 정하는 것이 좋다. 잘 모르거나 선택이 어려울 때에는 레스토랑의 추천 메뉴를 직원에게 물어보는 것이 좋다.
2. 디저트와 식후 음료는 꼭 주문해야 하는 것이 아니므로 메인 식사가 끝난 다음에 해도 좋다.

3) 오찬(Luncheon)

최근에는 비즈니스를 위하여 런치타임을 활용하는 경향이 많은데, 이를 오찬이라고 한다. 오찬은 비즈니스 회식의 가장 전형적인 형태로 점심식사를 먹으며 진행하는 회식, 혹은 손님을 초대한 점심식사를 말한다.

저녁에 하는 회식과는 다르게 격의 없고, 편안하면서도 짧은 시간에 집중하여 회의 겸 식사를 할 수 있는 장점이 있으며, 가벼운 맥주와 와인을 함께하는 것도 좋다.

French Full Course

5 프랑스 코스요리

서양식 기초요리는 프랑스에서 왔다.
카트린 드 메디치(Catherine de Médicis)에 의해 프랑스 테이블 매너가 변화하기 시작했다.

1) 프랑스 풀(정찬) 코스요리 순서

오르되브르 → 수프 → 샐러드 → 빵 → 생선 → 그라니타 → 메인요리 →
디저트 → 과일 → 커피 → 프티 푸르(Petit Four)

■ 오르되브르

- 영어로는 애피타이저(Appetizer), 중국어로는 첸차이(前菜), 이탈리아어는 안티파스토(Antipasto) 또는 전채라고도 한다. 짠맛, 신맛이 가미되어 메인요리가 서브되기 전에 식욕을 돋워주는 역할을 한다.
- 오르되브르에는 생굴, 훈제연어, 세계 3대 진미로 꼽히는 철갑상어 알을 소금에 절인 캐비아, 트러플을 곁들인 거위간, 새우 등 다양한 재료가 사용된다.
- 재료가 주요리와 중복되지 않게 하여 코스 전체의 균형이 잡히도록 고려하여 만들며, 크기가 작고 보기 좋게 만드는 것이 특징이다.
- 작은 포크와 나이프를 사용하기도 하지만, 주로 손을 사용하며, 그전에 입가심용으로 환영하는 의미의 음식인 '아뮈즈 부슈(Amus Bouche)'가 나오는 경우도 있다. 아뮈즈 부슈는 웰컴 디시(Welcome Dish)라고도 한다.

■ 수프

메인 코스의 시작을 알리는 것으로 프랑스 정찬에서는 맑은 콩소메가 나오기도 한다.

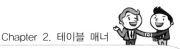

■ **샐러드**

다음에 나오는 코스요리가 육류요리로 몸을 산성화시키기 때문에 알칼리성 채소로 밸런스를 맞춘다는 의미로 메인요리 전에 서브된다. 샐러드가 메인으로 제공될 때에는 치킨, 생선 또는 치즈 등을 포함하여 식사의 균형과 볼륨감을 맞춰준다.

■ **빵**

코스의 처음부터 제공하거나, 수프나 샐러드와 함께 나온다. 빵은 각 코스마다 입맛을 정리하고, 다음 코스를 맛있게 즐기기 위해 먹는 것이므로 메인을 먹기 전에 너무 많이 먹지 않도록 한다.

Tip Point 정찬에서 나오는 빵은 하드롤, 프렌치 바게트, 소프트 롤, 마늘빵, 브레드 스틱 등으로 아침 빵보다 단맛이 적은 것이 특징이다.

■ **생선**

육류에 비해 소화가 잘 되기 때문에 프랑스 정찬요리에서 하나의 코스로 제공되었으나, 최근에는 코스에서 제외되거나 고기 대신 메인으로 나오기도 한다.

■ **그라니타**

대부분 아이스크림으로 분류하여 디저트로 생각하기 쉬운 그라니타는 과일의 신선한 즙으로 만든다. 따라서 생선요리 다음이나 쇠(소)고기요리 전에 나와 입안을 산뜻하게 정리해 주고, 메인요리를 더욱 맛있게 먹을 수 있도록 해준다. 요즘은 코스가 간소화되면서 생략되는 경우도 있다.

■ **메인요리**

대부분 소(쇠)고기, 돼지고기, 양고기 등의 육류요리, 닭고기, 오리, 칠면조 등의 가금류, 흰 살 생선, 연어, 새우, 로브스터 등이 셰프와 레스토랑의 특성에 맞게 제공된다.

■ 디저트

무스, 타르트 등 케이크 종류이며, 계절 과일과 함께 제공되기도 한다.

 치즈는 디저트 코스에 포함되지 않는 경우가 많다. 직원에게 부탁하면 가져다 주며, 별도의 요금을 지불하기도 한다.

■ 과일

소량의 신선한 제철 과일이 제공되기도 하지만, 때로는 생략되기도 한다.

■ 커피

작은 데미타스컵(작은 찻잔)에 소량의 에스프레소 커피를 준비해 주는데, 이는 소화를 돕기 위함이다. 이외에 개인의 취향에 맞는 차(Tea)를 주문받기도 한다.

■ 프티 푸르(Petit Four)

마지막으로 작은 사이즈의 케이크나 초콜릿 한두 개 정도가 서브된다.

 식사가 끝나면 소화를 돕는 식후주(디제스티프, digestifs)로 브랜디가 제공되기도 한다. 브랜디는 와인을 증류시켜 생산한 증류주의 일종으로 알코올 도수가 35~60도로 높은 편이다. 브랜디의 생산지로 유명한 지역이 프랑스의 코냑크와 아르마냐크이다. 코냑이 우아하고 여성적이라면 아르마냑은 강렬하고 남성적이다.

Buffet

6 뷔페

뷔페는 여러 가지 음식을 차려 놓은 상차림으로 손님이 직접 선택하고, 덜어 먹도록 되어 있다. 정확한 식사방법을 알면 한 접시에 많은 양을 담지 않고, 뷔페를 더 알차게 즐길 수 있다.

1) 먹는 방법

보통 뷔페에서의 요리는 시계방향으로 세팅되어 있으므로 반대방향으로 음식을 담지 않는다. 먹고 싶지 않은 음식은 패스해도 되며, 메인요리와 함께 디저트를 한 접시에 담지 않도록 한다.

■ **음식을 담기 위한 도구 이용방법**
- 접시는 왼손으로, 포크는 접시 위 앞쪽에 놓고 엄지손가락으로 눌러 한 손에 든다.

- 글라스와 접시를 한꺼번에 들 때에는 와인 잔처럼 다리가 있는 경우 약지와 새끼손가락 사이에 다리를 끼워서 들고, 나머지 빈 손가락으로 접시를 든다.

■ **뷔페 이용방법**

- 뷔페요리 또한 서양 코스요리처럼 찬 음식부터 따뜻한 음식 순으로 먹으면 제대로 음식을 즐길 수 있다.
- 서빙용 대형 포크나 스푼을 한 손에 함께 쥐고 음식을 옮겨 담는 것이 정석이나, 음식 진열 테이블에 접시를 두고 양손을 사용해서 음식을 담아도 좋다.
- 음식을 담을 때에도 접시의 가장자리부터 색깔과 양을 맞추어 가며 볼륨 있게 담도록 한다.
- 소스는 따로 소스 접시에 덜도록 한다.
- 뷔페는 대략 3, 5회 정도 덜어 먹는 것이 좋으며, 접시는 횟수에 상관없이 바꿔도 좋으므로 한 접시에 많은 음식을 담지 않도록 한다.
- 접시에 담은 음식을 재빨리 테이블로 가지고 가며, 함께 간 사람을 기다리기 위해 식당 입구나 음식 진열 테이블 앞에 서서 다른 사람에게 피해를 주지 않는다.
- 다 먹은 접시는 직원이 즉시 가져가지만, 직원이 빨리 치우지 않는다면 테이블 한쪽에 두고, 각자의 포크, 나이프는 빵 접시 위에 놓고 이동한다.
- 커피를 서서 마실 때는 받침을 왼손에, 컵은 오른손에 들고 마신다. 이때 테이블에 받침을 두고, 커피 잔만을 들고 마시지 않도록 한다.

Korean Table Manner

7 한식

한식은 한국의 반상차림을 말하며 규모가 있는 식당에서의 한정식은 서양의 정찬처럼 시간전개형으로 격식을 갖추어 차려내는 음식으로 다양한 음식이 하나씩 제공된 후, 주식과 부식(반찬) 및 후식으로 구성되어 있는 상차림을 말한다.

1) 식사예절

한식에서 식사는 자리에 앉는 것부터 시작되고 어른이 자리에 앉은 다음에 아랫사람이 앉으며, 몸을 곧게 하고 몸과 상의 간격이 주먹 하나 들어갈 정도로 앉는다.

윗사람이 식사를 시작하면 아랫사람이 숟가락을 들어야 하는데, 윗사람은 아랫사람이 밥상 앞에서 오래 기다리지 않도록 식사를 시작해야 한다. 식사는 숟가락으로 국물을 먼저 떠먹은 다음에 다른 음식을 먹는다.

Tip Point 한식은 각 코스나 음식을 먹는 법보다는 한상차림에서 윗사람을 공경하는 마음과 예의를 중시하면서 먹는 법을 배우는 것도 중요하다.

■ 숟가락과 젓가락 사용 예절

- 식사 중에는 숟가락과 젓가락을 한 손 또는 양손에 같이 들고 먹지 않는다.
- 젓가락으로 밥상을 두드리지 않으며, 숟가락이 그릇에 부딪치는 소리를 내지 않도록 주의한다.
- 숟가락에 음식이 묻지 않게 깨끗이 먹고, 밥그릇에 밥풀을 남기지 않으며, 과일, 채소 등을 젓가락으로 꽂아서 먹지 않는다.
- 식사가 끝나더라도 윗사람보다 먼저 상 위에 숟가락과 젓가락을 놓지 않는다.
- 식사가 끝나면 숟가락과 젓가락을 처음 놓였던 위치에 놓되, 상 밖에 나오지 않게 해야 하고, 윗사람의 식사가 끝나기 전에 일어나지 않는다.

Tip Point 음식을 먹기 전 냄새를 맡지 않는다.

■ **국물이 있는 음식의 식사예절**

• 국수를 먹을 경우, 소리를 내거나 국물이 여기저기 튀지 않도록 한다.

• 국은 그릇을 들고 먹지 않는다.

Tip Point　물을 마실 때에도 벌컥벌컥 소리가 나지 않게 조용히 마신다.

■ **뜨거운 음식의 식사예절**

밥이나 국물이 뜨거워도 입으로 불지 않는다. 죽을 식히기 위해 숟가락으로 젓지 않도록 하고 윗부분부터 가볍게 떠서 먹는다.

■ **메인요리 식사예절**

• 원하는 음식이나 필요한 것이 본인과 멀리 떨어져 있을 때, 본인 앞으로 끌어오지 않으며, 양해를 구하는 것이 좋다.

• 보조접시가 있을 경우 음식을 덜어 먹고, 김치나 고기 등 음식이 너무 커서 한입에 먹을 수 없을 경우, 보조접시가 없다면 자신의 밥그릇으로 가져와 잘라서 먹으며, 남기지 않도록 한다.

■ **식사 후 예절**

• 식사가 끝난 뒤 숭늉 또는 물을 마시고 다시 반찬을 먹지 않으며, 독상으로 차려졌을 때, 자기 몫은 다 먹도록 하며, 다른 사람이 먹다가 남은 음식이 있더라도 먹지 않는다.

• 이쑤시개를 사용할 때에는 다른 사람이 보이지 않도록 손이나 냅킨 등으로 가리고 하거나 개인적인 공간에서 사용한다.

반상차림의 종류

	밥상의 기본	반찬 1	반찬2	반찬3	반찬4
3첩	밥, 국, 김치, 장	생채 또는 숙채	구이 또는 조림	장과, 마른 찬, 젓갈 중 택 1	
5첩	밥, 국, 김치 2종류, 장류 2종류, 찌개	생채 또는 숙채	구이, 조림, 전	장과, 마른 찬, 젓갈 중 택 1	
7첩	밥, 국, 김치 2종류, 장류 3종류, 찌개, 찜 또는 전골	생채와 숙채	구이, 조림, 전	장과, 마른 찬, 젓갈 중 택 1	회 또는 편육
9첩	밥, 국, 김치 3종류, 장류 3종류, 찌개 2종류, 찜, 전골	생채와 숙채	구이, 조림, 전	장과, 마른 찬, 젓갈	회 또는 편육

Tip Point 첩은 반찬 가짓수를 뜻한다.

Chinese Table Manner

8 중식

중국에서는 규칙에 얽매이지 않고 모두가 즐겁게 대화를 나누면서 식사하는 것을 중요하게 여기는 문화를 갖고 있어 엄격한 매너는 없으나 예의를 존중하는 경향이 있다.

1) 먹는 방법

중식의 가장 큰 특징은 8명이 앉는 원탁 테이블에서 식사하는 것이다. 원탁 테이블은 서로 얼굴을 보면서 소통하기 좋기 때문에 많은 사람이 식사를 같이하기에 좋다.

■ 코스요리의 순서

전채 → 수프 → 메인 → 면과 밥 → 점심(소룽포, 물만두, 춘권) → 디저트

■ 원탁 턴테이블 식사방법

- 원탁 테이블에서 턴테이블(Lazy Susan Table)은 오른손으로 시계방향으로 돌리며, 자기 자리에서 왼쪽이라도 바로 옆에 있는 것을 집고 싶을 때에는 반대로 돌려도 된다.
- 턴테이블을 돌릴 때에는 다른 식기와 부딪치지 않도록 조심해야 하며 다른 사람이 덜어내고 있는 도중에 돌려서도 안 된다.
- 자리에서 일어나 덜거나 하지 않고 반드시 자리에 앉아서 던다.
- 턴테이블 위에는 요리, 사용하지 않은 개인접시와 조미료가 놓이며, 개인 맥주나 차 등의 마실 것이나 사용한 접시는 놓지 않는다.

Tip Point 보통 양식이나 일식은 식재료 본연의 맛을 살리기 위해 조미료를 많이 사용하지 않는 데 비해, 중국은 본인이 좋아하는 맛의 조미료를 먹는 것을 중요하게 여겨 각각의 테이블 위에 자유롭게 사용할 수 있도록 조미료가 놓여 있다. 따라서 기호에 맞게 사용하는 것은 예의에 어긋나지 않는다. 물론 조미료를 사용하지 않고 그대로 먹어도 무방하다.

■ **음식 식사방법**

- 만두나 춘권 등 한입에 먹을 수 없는 음식은 먹기 전에 잘라 놓고 먹는다. 단, 자르기 힘든 음식은 그대로 이로 잘라 먹어도 된다.

- 음식을 남기는 것은 매너가 아니므로 먹을 수 있을 만큼 덜어 먹고, 공용 접시에 음식이 남아 있더라도 식사가 모두 끝났다면 그대로 둬도 좋다.

Tip Point 테이블클로스나 냅킨은 더러워져도 식사가 맛있었다는 뜻으로 여기므로 상관 없다.

2) 식기 사용법

■ **렌겐 사용법**

- 수프를 먹을 때는 오른손에 렌겐을 들고, 수프를 떠서 먹는다.

- 렌겐을 기울여서 소리를 내지 않고 먹는다.

- 입안에 렌겐을 다 넣거나 얼굴을 숙여서 수직으로 마시지 않는다.

- 렌겐을 들어 올려 입과 수평이 되게 하여 먹는 것이 좋다.

〈렌겐〉

■ **국물이 있는 면류를 먹을 때 렌겐 사용법**

- 국물이 있는 면류를 먹을 때에는 젓가락 으로 국물이 튀지 않게 조심하면서 면을 조금씩 렌겐에 덜어 젓가락으로 먹고, 이 때에도 면을 담은 렌겐을 그대로 입에 넣 고 먹지 않는다.

- 왼손에는 렌겐, 오른손에는 젓가락을 들 고 먹고 국물을 마실 때는 렌겐을 오른손으로 바꾸어 먹는다.

Tip Point 중국에서는 목적에 따라 렌겐의 크기나 형태가 다르게 사용된다.

■ **젓가락 사용법**

• 젓가락은 한국 젓가락과 비교했을 때, 길이가 길고 끝이 뭉툭하지만 집어 먹는 방법은 한국과 동일하다.

• 가끔 음식을 덜 때, 자신이 먹던 쪽으로 덜어내면 위생상 좋지 않다고 해서 뒤집어서 뒤쪽으로 사용하는 경우도 있는데 이는 금기사항이니 알아두도록 한다.

■ **접시 사용법**

• 중국 음식은 큰 접시에 요리가 제공되기 때문에 각자 개인접시에 덜어서 먹으며, 면류 등 덜어 먹기 힘든 요리는 점원에게 부탁해서 서빙받아도 좋다.

• 개인접시는 소스의 맛이 섞이지 않도록, 요리 하나에 접시 하나가 기본이다. 따라서 개인접시를 많이 사용해도 상관없으며, 개인접시에 음식을 덜 때도 먹을 때도 절대로 식기를 들어서는 안 된다.

• 밥그릇은 들고 먹어도 좋고, 다 먹은 식기를 겹쳐 놓는 것도 괜찮다.

■ **서브용 스푼과 포크가 함께 나올 때**

• 스푼은 왼손에 포크는 오른손에 들고 양손으로 음식을 집어 덜어 먹으며, 다시 제자리에 돌려놓을 경우 포크는 아래에 스푼은 위에 겹쳐 놓는다.

• 만약 서브용 스푼과 포크가 나오지 않았을 때는 본인의 젓가락이나 렌겐을 사용해서 덜어낸다.

중식의 종류

국토 면적도 넓고 역사도 깊은 중국에서는 다양한 식문화가 존재하며 이를 크게 나누면 다음과 같다.

1. 사천요리

   향신료를 많이 사용한 매콤한 요리로 대표음식으로 마파두부가 있다.

2. 북경요리

   중국왕조의 궁전요리와 북경시민의 가정요리가 융합된 섬세하고 보기 좋은 요리로 유명하며 대표 음식으로 베이징덕이 있다.

3. 상해요리

   어패류가 많이 사용되고 달콤하고 진한 맛의 요리가 많다.

4. 광동요리

   홍콩이나 마카오를 중심으로 형성된 요리이다. 음식은 대체로 담백하고 재료 그대로의 맛을 살리기 위해 간을 적게 하며 국물이 많다.

Japanese Table Manner

9 일식

일본은 사면이 바다인 섬나라이므로 해산물이 풍부하고, 남북으로 길게 뻗은 국토의 지형으로 식재료가 풍부하다.
일본 요리는 계절과 재료에 따라 음식을 담는 방법과 모양새를 중요시하는 것이 큰 특징이라 할 수 있다.

1) 먹는 방법

가이세키(会席料理) 요리는 귀족이 먹던 사계절 코스요리[연회코스요리]로 단품으로 주문할 경우는 거의 없다. 한 품목씩 차례대로 나오므로 나오는 순서대로 먹으면 된다. 국물요리부터 구이요리까지 일즙삼채(一汁三菜: 국물요리 1가지, 요리 3가지)로 나오며 여기에 튀김, 찜 등이 첨가되는 경우도 있다.

■ **가이세키 요리순서**

1. **사키즈케**(先付け): **전채**(前菜)

   일종의 술안주 모듬요리로 주문한 요리가 나오기 전에 내는 간단한 음식인 오토오시(お通し) 등이 있다.

2. **스이모노**(吸い物): 국물요리

   국을 말하며 요리를 먹기 전에 입가심으로 입안을 개운하게 해주고 위장의 활동을 알리는 음식이다.

3. **오쓰쿠리**(お造り): 예쁘게 장식된 사시미 요리

   생선회인 사시미 모듬요리이다.

4. **니모노**(煮物): 조림요리

   제철 채소나 생선조림 등이 나온다.

5. **야키모노**(焼き物): 구이요리

   구운 요리로 제철 생선구이를 말한다. 머리에서 꼬리까지 생선 한 마리가 그대로 나오기도 한다.

6. 아게모노(揚げ物): 튀김요리

채소나 생선을 튀긴 튀김요리로 담겨 있는 모양이 유지되게 앞쪽에 있는 것부터 먹는다. 튀김옷을 입히기도 하고 그냥 튀기기도 한다.

7. 무시모노(蒸し物): 찜요리

찜요리로 달걀찜(자왕무시)이나, 순무찜(가부무시)이 나온다.

8. 스노모노(酢の物): 입가심요리

새콤한 맛이 나는 초절임으로 입가심용 요리이다.

9. 식사(食事)

밥과 반찬을 말하는데 도메완이 나올 때는 앞으로 남은 요리는 디저트뿐이라는 신호이다. (밥: ごはん, 향채: 香り物, 도메완: 止め椀 — 가이세키 요리에서 마지막에 나오는 국물요리)

10. 과일, 디저트

마지막으로 제철 과일이나 과일을 이용한 디저트, 과자 등이 나온다.

■ 일식을 즐기는 법

정통 일식에서 개인상은 양손으로 받으며, 가볍게 인사를 하고 무릎 앞으로 살짝 끌어당긴 후 국, 밥 순으로 뚜껑을 열어 즐기면 된다.

• 윗사람이 편히 앉으라고 할 때까지 기다리며, 가까운 사이라면 건배를 한 뒤 편안하게 앉는다.

• 오른쪽 그릇은 오른손으로 열어 오른쪽에 놓고 왼쪽 그릇은 왼손으로 열어 왼쪽에 놓으며 다 먹은 후에는 꼭 뚜껑을 덮어두어야 한다.

• 식사 시 그릇을 들고 먹는 것이 기본이며, 이때 왼손의 엄지손가락은 그릇 가장 가리에 나머지 손가락은 그릇 밑부분을 받친다.

• 그릇을 내려놓을 때에는 손가락을 쿠션으로 사용해 그릇을 조심히 내려놓아야 한다.

• 종업원이 음식을 나누어줄 경우, 젓가락을 내려놓고 잠시 기다린다.

Tip Point 음식을 먹을 때 소리를 내지 않으며, 한국의 식사예절과는 달리 국수는 소리를 내서 먹을 경우 맛있다는 의미가 된다.

■ 스시(생선초밥), 사시미(생선회) 먹는 방법

- 스시는 산뜻한 맛에서 진한 맛 순서로 먹는다. 따라서 주문도 흰 살 생선인 조개, 광어, 오징어, 도미, 가리비에서 참치(주토로: 중뱃살 – 기름기가 적음, 오토로: 대뱃살 – 기름기가 많음), 성게 순으로 주문한다. 마지막에 마키, 국물 요리를 먹는다.
- 스시의 경우 젓가락 또는 손가락을 이용해서 먹어도 되며, 간장에 찍어 먹는다.
- 먹을 때는 가능하면 한번에 먹는 것이 좋은데 만약 한꺼번에 다 먹을 수 없을 때는 개인접시에 놓고 두세 입에 나누어 먹는다.
- 이쿠라(いくら: 연어알) 등 마키 종류 스시는 흘러내리기 쉬우므로 먼저 단촛물에 절인 생강을 간장에 찍은 후 이쿠라(연어알)에 찍어 얹어 먹는다.

- 스시에 간장을 찍어 먹으려면 스시를 왼쪽으로 눕혀 모양이 흐트러지지 않도록 평행으로 잡는다. 그리고 회 부분에 간장을 찍어 먹는다. 밥에 찍지 않도록 한다.
- 사시미는 밥이 없는 날 생선이므로, 와사비(고추냉이)가 들어 있는 간장 소스에 젓가락 또는 포크를 이용해 찍어 먹는다.

일본 요리의 특징

일본의 요리는 재료가 가진 본래의 맛을 중요시하는 것이 특징인데 음식의 재료와 조리법 및 맛이 중복되지 않도록 한다.

여섯 가지 맛(단맛, 짠맛, 쓴맛, 신맛, 매운맛, 감칠맛)과 다섯 가지 색(흰색, 검은색, 녹색, 빨간색, 노란색), 그리고 다섯 종류의 조리법(구이, 조림, 찜, 튀김, 회)이 고루 사용되어야 하며 제철 식재료와 계절을 묘사한 요리가 기본이 된다.

일본 요리의 종류

최근에는 많이 접할 수 없지만 음식이 놓인 상이 순서대로 제공되는 관혼상제에 주로 쓰였던 ① 혼젠요리(本膳料理), 혼젠요리가 간소화되어 음식이 순서에 따라 차례로 제공되는 ② 가이세키요리(会席料理), 다도(茶道)의 예의범절에 따라 음식을 맞추어 내며 생선과 해산물, 식물성 재료가 주를 이루는 간단한 상차림의 ③ 가이세키요리(懷石料理), 불교의 승려들이 의식을 치를 때 차리는 식사로 채소 위주의 식단인 ④ 쇼진요리(精進料理) 등이 있다.

Table Manners of Other Countries

10 각국의 기본 매너

각국의 테이블 매너를 아는 것은 새로운 문화를 배우는 것뿐만 아니라 상대방에 대한 배려를 익히는 것과도 같다.

1) 독일(Germany)

■ 독일은 런치의 메인 식사를 오전 11시 30분~1시 30분 사이에 먹는 것이 전통이며 오스트리아와 마찬가지로 건배를 할 때 상대방의 눈을 쳐다봐야 한다.

■ 식사를 하기 전에 "맛있게 드세요"라고 이야기한다.

■ 독일에서 술을 마시는 것은 흔한 일이므로 술을 못 마신다고 해서 부담을 느낄 필요는 없다.

■ 요리를 포크로 반 자르는 것은 음식이 부드럽다는 뜻으로 요리에 대한 칭찬이다. 감자는 나이프로 자르지 않으며, 아스파라거스는 포크와 나이프를 사용해서 먹는다.

Tip Point 프랑스나 영국에서는 음식을 반으로 자르지 않으며, 아스파라거스는 손으로 먹으므로 유의해야 한다.

■ 레스토랑의 서비스가 만족스러울 경우 10~15%의 팁을 놓고, 만약 만족스럽지 못했다면 팁을 놓지 않으면 된다.

■ 레스토랑을 나올 때는 항상 "감사합니다"라고 이야기한다.

2) 라틴 아메리카(Latin America)

■ 점심은 오후 12~2시이며, 세 가지 코스요리가 나온다. 짧은 시간에 해야 하는 식사라도 기본 엔트리, 디저트, 커피가 나오고, 저녁은 저녁 8~9시 사이에 한

다. 주말의 경우, 12시 이후 새벽까지 식사를 한다.

- 여자가 오면 남자들은 일어나서 문을 열어주어야 한다.
- 누군가의 집에 초대를 받으면 30분 늦게 도착한다.
- 아이 콘택트(Eye Contact)로 웨이터를 부르고, 호스트가 "맛있게 드세요"라고 말할 때까지 음식을 먹지 않는다.
- 길거리나 레스토랑에서 껌을 씹지 않는다.
- 레스토랑이나 다른 사람 집에 방문하기 전에 화장실을 다녀와야 하고 파티나 식사 중에 자리를 뜨지 않는다.
- 초대한 사람이 돈을 내야 하고, 10%의 팁을 따로 주어야 한다.

3) 브라질(Brazil)

브라질의 파티는 개인 클럽에서 이루어지는데, 오후 12~2시 사이에 먹는 런치가 하루 중의 메인 식사이고 쿠키, 케이크, 음료는 오후 4~5시 사이에 서빙되며, 저녁은 7~10시까지 먹고 저녁 파티의 경우 새벽 2시까지 진행된다.

- 식사에 초대받으면 15분 정도 늦게 도착하는 것이 예의이다.
- 팁은 10% 정도를 내야 한다.

4) 스페인(Spain)

집으로 초대되었을 경우, 초콜릿, 페이스트리, 케이크, 와인, 술, 브랜디 또는 꽃 등을 호스티스에게 주고, 만약 아이들이 있다면, 아이들 또한 저녁 이벤트에 참석하므로 작은 선물을 준비한다.

저녁은 관계를 형성하는 자리로 이용되는데, 저녁은 항상 오후 9시 이후에 서빙된다.

5) 영국(England)

- 영국에서는 저녁이 메인이고 잉글랜드와 웨일스 일부에서 디너는 하루의 중간쯤에 먹는 식사이며 차(Tea)는 이른 저녁식사에 포함된다.

> **Tip Point** 영국 남쪽은 런치라는 단어를 하루 중간쯤에 사용하며, 디너는 저녁 음식을 의미하므로 지역에 따른 의미를 잘 알고 있어야 한다.

- 점심은 오후 12~2시 사이이며, 하이티는 3시 30분~4시 30분이다. 이는 호텔에서 관광객을 위한 것으로 만약 오후 5~7시 사이에 초대되었다면, 가벼운 저녁이며, 디너(저녁)는 보통 7~8시 사이에 먹는다.
- 하이티: 오후 늦게나 이른 저녁에 준비한 음식, 빵, 버터 케이크 등을 차와 함께 마신다.
- 영국에서 팁은 10~15% 정도가 포함되어 있으나, 만약 포함되어 있지 않다면 10~15% 정도를 내면 되고 만약 더 내고 싶다면, 20% 이하로 낸다.
- 집에 초대받았을 경우, 집을 둘러보지 않는다.
- 식사에 초대받았을 때, 영국 연대기를 카피한 스트라이프 넥타이는 하지 않는다.

6) 오스트리아(Austria)

- 오스트리아는 건배 제의를 하거나 건배를 할 때 상대방의 눈을 쳐다보지 않으면 예의 없는 사람이라는 오해를 받을 수 있으니 주의해야 한다.
- 비격식 자리에서는 "맛있게 드세요"(Mahlzeit 또는 Guten Appetit)라고 이야기해야 하지만, 격식을 차린 자리에서는 하지 않는다.
- 레스토랑과 바에서는 영수증에 팁이 포함되어 있지 않기 때문에 10% 정도의 팁을 주면 된다.
- 덤플링(경단 종류)이 나올 경우 절대 나이프와 포크를 사용해서 칼질하듯 자르지 않고, 나이프로 덤플링을 잡고, 포크로 부수어 먹는다.

7) 오스트레일리아(Australia)

- 오스트레일리아에서 팁은 옵션이므로 평균 서비스보다 잘 받았을 경우만 주며, 바 스태프에게 팁을 줄 필요가 없다.
- 집으로 초대하는 경우는 바비큐 파티가 많은데, 바비큐 파티에 초대되면 와인, 맥주 등을 준비해 간다.
- 초대에는 정시에 도착해야 하고 15분 이상 늦으면 안 된다.
- 비격식적인 자리에서는 호스트가 준비하는 일이나 정리하는 것을 도와줘도 된다.

> **Tip Point** 때로는 각자 먹을 음식을 준비해 오도록 하는 경우도 있다.
> 와인의 가격을 물어보거나 와인에 대해 이야기하지 않는다.

8) 이탈리아(Italy)

- 초대한 사람들이 앉을 때까지 앉지 않아야 하고, 호스트가 첫 번째 건배 제의를 한 후 그다음 중요한 게스트가 건배 제의를 하고 식사를 시작한다.
- 패밀리 스타일의 식사일 경우에는 먹을 만큼 접시에 담는 것이 중요하고, 소량의 음식을 접시에 남기는 것은 괜찮다.
- 이탈리아에서는 식사와 와인을 함께하는 것이 보통이므로 더 이상 와인을 원하지 않을 경우 와인 잔에 와인을 가득 남겨 놓으면 된다.
- 격식을 차리지 않아도 되는 가벼운 자리인 집에 초대되어도, 남자는 재킷, 여자는 드레스를 입어야 하며, 청바지는 입지 않는다.
- 정시에 도착하는 것은 의무가 아니다. 저녁은 약속시간의 15분 사이에 도착하면 되고, 파티는 30분 정도 늦게 도착해도 된다.
- 파티에 초대되었을 때, 선물을 가져간다.

9) 포르투갈(Portugal)

- 초대나 모임에서 15분 이상 늦으면 안 되나, 파티의 경우에는 시작한 지 30분~1시간 후에 도착해도 된다.
- 초대받은 사람들이 다 앉을 때까지 기다리고, 호스티스가 "맛있게 드세요" 라고 말하기 전에 먹지 않는다.
- 식사하는 동안 냅킨은 절대 무릎 위에 놓지 않고 접시 왼쪽에 놓아야 하며, 식사가 끝나면 냅킨을 접시 오른쪽으로 옮긴다.
- 코스요리가 끝나면, 소량의 음식을 접시 위에 남겨 놓는다.

10) 프랑스(France)

- 웨이터를 부를 때, 손가락으로 소리를 내거나, 손바닥을 치지 않고 아이 콘택트(Eye Contact)로 부른 후 눈을 마주 보며 인사를 건네고, 주문을 한다.

> **Tip Point** 주문 시 메뉴에 대해 궁금한 점이 있으면, 물어보는 것은 예의에 어긋나지 않는다. 양해를 구하고 물어본다.

- 케첩을 달라고 하는 것은 요리사를 모욕하는 행동이다.
- 프랑스에서 보통 여자들은 벽을 등지고 앉으며, 남자는 여자의 맞은편에 앉는다.
- 올리브 씨는 접시 위 옆쪽에 놓고 담배 재떨이에 놓지 않는다.
- 격식을 차리지 않는 자리에서 이쑤시개를 사용하는 것은 괜찮으나, 이쑤시개를 사용할 때 다른 사람들이 보지 않도록 입을 가린다.
- 사용한 이쑤시개는 접시 위에 올려놓으며, 바닥이나 재떨이 위에 놓지 않는다.
- 15%의 팁이 대부분 영수증에 포함되어 있다.

Chapter

먹는 방법 – 음식의 매너

1. 카나페
2. 파테, 테린, 그리고 갈랑틴
3. 캐비아
4. 푸아그라와 트러플
5. 굴과 조개류
6. 수프 먹는 방법
7. 샐러드
8. 빵
9. 고기요리
10. 닭고기, 오리고기, 그리고 칠면조고기
11. 생선
12. 갑각류
13. 귤
14. 레몬과 라임
15. 멜론
16. 바나나
17. 사과
18. 살구, 복숭아, 그리고 체리
19. 수박
20. 치즈
21. 케이크
22. 파스타
23. 코스 외의 요리 먹는 방법
24. 소스 먹는 방법

Canape

1 카나페

식전주와 매우 잘 어울리는 오르되브르로 얇고 작게 자른 빵조각 위에 여러 가지 재료를 얹어 만든 요리이다.

1) 종류

빵이나 크래커, 토스트나 페이스트리 위에 버터를 바르고 차가운 치즈, 고기, 달걀, 생선 등을 올려서 한입에 먹을 수 있도록 만든 오르되브르를 말한다.

카나페는 오르되브르뿐만 아니라 간단한 식사대용으로도 먹으며, 칵테일파티나 양주 안주로 쓰일 경우, 짜거나 매운맛의 카나페를 주로 먹는다.

 Tip Point   가니쉬로 다진 채소, 파, 허브 등을 사용한다.

2) 먹는 방법

카나페를 먹는 방법은 어떻게 서빙되느냐에 따라 다르다.

- 형태에 따라 손으로 집어서 먹거나 도구를 사용한다.
- 첫 번째 코스요리에서 서빙된다면, 도구를 사용하여 먹는다.
- 카나페는 원래 핑거푸드이지만, 한입 크기로 먹을 수 없을 때에는 나이프로 잘라서 먹어도 된다.

핑거푸드(Finger Food)

핑거푸드는 손으로 쉽게 집어 먹을 수 있는 오르되브르 중 하나이며, 트레이에 서빙될 경우 개인접시에 옮겨 담아서 먹는다. 다 먹은 후에는 손을 입으로 빨지 않고 냅킨으로 닦는다.

Pate, Terrine, & Galantine

2 파테, 테린, 그리고 갈랑틴

고기나 간을 갈아서 반죽한 후 중탕해서 Double Boiling하여 만든 것으로, 식욕촉진제로 많이 사용된다.
오르되브르의 요리법으로 주로 쓰이는 파테, 테린, 갈랑틴은 외관상으로 구분하기가 어렵다.

1) 파테(Pate)

프랑스어로 파이를 뜻하며, 고기, 생선살 등을 갈아서 혼합하여 양념을 하고, 밀가루 반죽을 씌워 틀에 넣은 후 오븐에서 약한 불로 표면을 잘 구워 냉육시킨 프랑스 요리이다.

파테는 주로 차갑게 서빙되지만, 추울 때는 따뜻하게 먹기도 하며, 저녁 전 또는 셀러드와 함께 나오는 경우가 많다.

■ 칵테일과 같이 먹을 경우

크래커 또는 4등분한 토스트에 발라서 먹는다.

■ 샐러드와 같이 먹을 경우

그릇에 담겨 나온 파테를, 얇게 잘라서 개인접시에 옮겨 담거나 스푼으로 떠 접시에 담는다.

2) 테린(Terrine) & 갈랑틴(Galantine)

테린은 파테처럼 혼합하여 다진 고기를 '테린'이라는 질그릇 용기에 넣어 오븐에서 구운 요리이다. 파테와는 달리 표면에 구운 색이 나지 않으며, 차갑게 서빙되거나 룸의 온도와 비슷하게 서빙되고, 갈랑틴은 테린과 비슷한 요리방법으로 닭 또는 오리고기와 함께 채소를 다져서 삶거나 찐 후에 차갑게 먹는 요리이다.

Caviar

3 캐비아

캐비아는 철갑상어의 알을 소금에 절인 것으로 오르되브르 메뉴 중 가장 대표적이며 최고급 음식으로 꼽힌다.
벨루가(Beluga), 오세트라(Osetra), 세브루가(Sevruga)의 철갑상어 알만이 캐비아를 만들어낸다.

1) 먹는 방법

■ 스푼을 사용할 경우

캐비아는 차갑게 먹는 음식으로 작은 스푼으로 떠서 먹는다. 이때, 은제품은 캐비아의 맛을 변질시키므로 사용하지 않고, 주로 금이나 자개 제품의 수저를 사용하는 것이 좋다.

■ 캐비아를 덜어서 먹어야 할 경우

스푼으로 그대로 먹어도 되지만, 크래커가 있다면 그 위에 얹어서 함께 먹는다.

■ 다른 음식과 같이 먹을 경우

삶아 다진 달걀, 다진 양파와 사워크림에 레몬즙을 섞어서 얇은 토스트나 바삭하게 구운 멜바토스트 위에 바른 후, 캐비아를 얹어서 손으로 먹는다.

■ 주의사항

캐비아의 풍미를 즐기기 위해서는 레몬을 뿌려서 먹지 않는 것이 좋다. 캐비아는 금속과 만나면 산화되므로 금속스푼을 사용하면 안 되며 조개나 상아로 만든 스푼을 사용해야 제대로 맛볼 수 있다.

■ 캐비아와 잘 어울리는 술

샴페인, 얼음으로 차갑게 한 보드카, 드라이한 캘리포니아 스파클링 와인 또는 오크숙성을 거치지 않은 프랑스의 샤르도네와 잘 어울린다.

철갑상어의 종류 및 등급

캐비아는 단백질이 30% 이상 함유되어 있으며, 비타민 A, B, C, D 등의 영양소를 함유하고 있다. 소화도 잘되고 콜레스테롤이 없는 100% 완전 흡수 식품으로 외국에서는 수술 후 환자의 회복식이나 다이어트 식품으로도 애용되고 있다.

■ 벨루가(Beluga)
철갑상어 중 18~20년 정도 오랜 시간을 기다려야 얻을 수 있어 가장 희귀하고, 비싼 캐비아로 제일 크고 섬세하며 고소하고 진한 맛이 있다.
■ 오세트라(Osctra)
두 번째로 큰 알로 특유의 향과 감미로운 맛이 다양하다.
■ 세브루가(Sevruga)
철갑상어 알 중 가장 작은 알로 고유의 농축된 강한 맛과 독특한 풍미가 있다.

Foiegras & Truffle

4 푸아그라와 트러플

최고급 정찬에서 오르되브르로 사용된다.
푸아그라와 트러플은 서로 잘 어울려 세계 3대 진미에 꼽힌다.

1) 푸아그라

푸아그라는 캐비아, 트러플(송로버섯)과 함께 세계의 3대 진미 중 하나로 프랑스어로 '살찐 간'이라는 뜻을 가지고 있다. 크게 키운 오리 간을 술, 향신료 등과 혼합하여 형틀에 넣고 오븐에서 약한 불에 오랜 시간 구워 파테로 만든다.

주로 구워 먹거나 와인에 재웠다가 버터 두른 팬에 익혀서 요리하고, 붉은색이나 연한 노란색을 띠며, 부드럽고 고소한 맛이 난다. 염분 이외의 다른 어떠한 첨가물도 넣지 않은 것일수록 가격이 비싸고 최고급 요리의 재료가 된다.

Tip Point 푸아그라와 잘 어울리는 술은 소테른(Sauternes) 와인이다.

2) 트러플

트러플은 땅속의 다이아몬드라 불리는데 떡갈나무, 개암나무 뿌리 옆 땅 밑에서 자라나는 버섯으로 우리나라에서는 송로버섯으로 불린다.

식용으로 사용할 수 있을 때까지 7년 정도의 시간이 걸리고 인공재배가 불가능해 생산령이 적으며 귀한 식재료로 눈에 쉽게 띄지 않아 개나 돼지가 독특한 향기를 맡아서 채취한다.

강하고 독특한 향기를 가지고 있기 때문에 소량만으로 음식의 맛과 향을 좌우하기도 한다.

Oyster & Shellfish

5 굴과 조개류

바다의 우유인 굴은 아연, 철, 글리코겐 등이 풍부한 영양분의 보고이다.
굴은 제철인 겨울에 먹는 것이 좋고, 서양에서 유일하게 날로 먹는 오르되브르이다.

1) 조리상의 특징

굴은 향기나 맛을 즐기는 것이기 때문에 너무 오래 삶으면 딱딱해지고 풍미도 달아나므로 조리하기 전에 밑간을 하거나 아무런 조리를 하지 않은 생것으로 나온다.

Tip Point 굴은 아연, 철, 글리코겐 등이 풍부한 영양분의 보고이며, 여러 종류의 비타민, 미네랄을 포함하고 있는 영양 만점의 식재료이다.

2) 굴 먹는 방법

■ 오르되브르로 먹을 경우

레몬즙이나 와인식초를 뿌려 먹는다. 굴은 주로 스파이시나 칵테일소스 등이 곁들여 나오는데 이는 맛을 위한 것뿐만 아니라 식중독 예방을 위한 것이니 껍질에서 꺼내기 전에 미리 뿌려두는 것이 좋다.

■ 껍질과 같이 나오는 경우

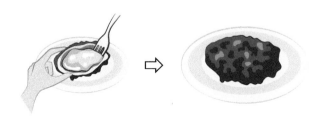

① 왼손으로 껍질을 잡은 후, 끝부분에 포크를
넣어 꺼내 먹는다.

② 굴 껍질 안에 굴즙이 고여 있으면, 손으로 들
고 마셔도 좋다.

③ 다 먹은 후, 껍질은 반드시 뒤집어 놓는다.

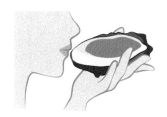

■ **껍질과 같이 나온 굴의 알맹이가 클 경우**

① 껍질을 접시에 놓은 채, 나이프로 잘라 포크로 먹는다.

② 다 먹은 후, 껍질은 뒤집어 놓는다.

3) 조개류 먹는 방법

홍합 등의 조개류는 포크를 이용해 껍질에서 홍합 살을 꺼낸 후 걸쭉한 수프
(Broth)에 찍어 먹으면 되는데, 격식을 차린 자리 외에는 입에 홍합을 껍질째 가
져가 국물과 함께 먹는다. 껍데기는 제공된 접시나 통에 버린다.

How to Eat Soup

6 수프 먹는 방법

수프는 메인요리 전에 제공된다.
식욕증가 및 소화를 돕고, 위벽을 보호해 알코올에 대한 저항력을 강하게 해준다.

1) 수프의 종류

■ 콩소메(Clear Soup/Consomme)

육류, 생선뼈, 채소 등의 육수를 사용하여 만든 맑고 투명한 수프로 주로 맥주 색이 나는 것이 특징이다. 맑은 수프의 뜨거운 온도와 농도를 유지하기 위해, 손잡이가 양쪽에 있는 디너웨어에 제공되기도 한다. 이 그릇은 들고 마셔도 된다.

■ 포타주(Thick Soup/Potage)

생크림, 달걀 노른자, 전분 등이 함유된 걸쭉한 수프로 주재료나 가니쉬에 따라 수프의 이름이 다양하게 바뀐다. 가장자리 테두리가 넓으며, 손잡이가 없는 접시형태의 볼에 서빙된다.

2) 수프 먹는 방법

■ 수프 떠먹는 방법

영국식이나 프랑스식에 상관없이, 왼손으로 가볍게 수프 그릇을 잡고 오른손으로 떠서 먹는다.

앞쪽에서 바깥쪽으로(영국식)

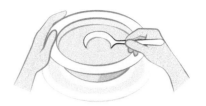

바깥쪽에서 앞쪽으로(프랑스식)

■ 수프가 뜨거울 때

입으로 불어서 식히지 말고, 숟가락으로 윗부분의 수프를 떠서 먹는다.

■ 수프를 거의 다 먹었을 때

접시를 기울여 떠먹도록 한다.

■ 수프에 건더기가 있을 때

스푼을 이용해 한 입 크기로 떠서 먹거나 크면 잘라 먹는다.

■ 식사가 끝났을 때

또는

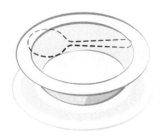

스푼은 접시 안에 그대로 놓는다.

수프접시 받침 뒤에 올려놓는다.
이때 손잡이는 오른쪽에 오도록 한다.

> **Tip Point** 수프는 기본적으로 그릇을 들고 먹지 않으나 손잡이가 달린 그릇은 들고 먹어도 좋다.

3) 수프와 함께 먹을 수 있는 음식

■ 빵과 함께 수프를 먹을 때

스푼을 받침에 내려놓은 후, 손으로 빵을 조금씩 뜯어 먹는다.

■ 크래커가 가니쉬로 함께 나올 때

손으로 먹거나, 부숴서 수프에 넣어 먹는다.

Tip Point 크루통(수프나 샐러드에 넣는, 바삭하게 튀긴 작은 빵조각)이 그릇에 서빙되면, 깨끗한 스푼이나 서빙스푼으로 떠서 각자의 수프에 넣으면 된다.

4) 프렌치 어니언(양파) 수프 먹는 방법

프렌치 어니언 수프는 치즈가 수프 위에 녹아 있기 때문에 먹을 때, 치즈와 양파를 스푼으로 잘라가며 국물과 함께 먹는다. 치즈가 입까지 끌려 올 경우, 스푼이나 그릇으로 떨어질 수 있으므로 자르면서 먹는다.

5) 수프를 먹을 때 삼가야 할 행동

- 한 손에는 빵을, 다른 손에는 스푼을 들고 먹지 않는다.
- 빵을 뜯어서 수프에 넣어 먹는 것은 점잖은 행동이 아니므로 주의한다.
- 수프를 먹는 동안은 와인을 마시지 않는다.
- 수프는 마시는 것이 아니라 떠먹는 음식이므로 소리를 내면서 먹지 않는다.
- 절대로 그릇에 입을 갖다 대지 않는다.

Salad

7 샐러드

신선한 채소는 알칼리성 식품으로 육류요리를 중화시켜 주는 역할을 한다.
샐러드를 맛있게 즐기기 위해서는 4C(Clean, Cool, Crispy, Colorful)를 지키는 것이 좋다.

1) 코스요리에서의 샐러드

이탈리아와 프랑스의 경우, 격식을 차린 식사에서 메인코스 전후에 제공된다.
간단한 식사나 미국의 경우, 음식을 많이 먹지 않기 위해 코스 처음에 샐러드가
제공된다.

2) 샐러드 먹는 방법

■ 기본 샐러드 먹는 방법

샐러드는 포크로 찍어 먹는다. 채소가 큰 경우 포크의 측면을 이용하여 잘라
먹거나 나이프를 사용한다. 단, 볼(Bowl)에 샐러드가 나올 경우, 나이프를 사
용하지 않는다.

■ 메인요리 전후

• 메인요리 전에 샐러드가 나올 경우, 메인요리 커틀러리를 사용해 먹기도 한다.
• 메인요리 후에 샐러드가 나올 경우, 샐러드용 포크와 나이프가 따로 제공된다.

■ 채소 먹는 방법

• 잎이 큰 양상추는 나이프와 포크를 이용해 한입 크기로 접어서 포크로 찍어
  먹는다.

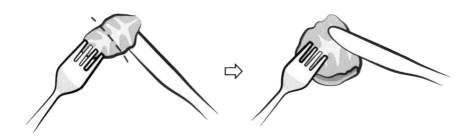

- 아스파라거스와 같이 긴 채소는 나이프로 잘라 포크로 찍어 먹는다.

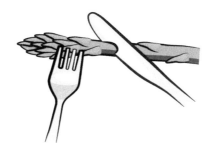

- 방울토마토처럼 둥근 채소는 나이프로 고정시키고, 포크로 비스듬히 찔러서 먹는다.

- 작은 잎은 겹쳐서 두툼하게 만들어 포크로 찍어 먹는다.

■ 드레싱 및 가니쉬

- 크림과 같이 진한 드레싱의 경우, 접시 한쪽에 부어 채소를 찍어 먹는다.
- 오일 베이스 드레싱의 경우, 샐러드 위에 끼얹어 먹는다.
- 드레싱이 따로 나올 경우, 한꺼번에 뿌리지 말고, 조금씩 끼얹어 먹는다.
- 견과류, 옥수수, 크루통, 베이컨 등은 포크를 이용해서 찍어 먹거나, 나이프를 사용해 포크 위에 올린 후 떠먹는다.

드레싱의 종류

샐러드 드레싱의 종류는 오일타입과 크림타입으로 나눈다.

- **오일타입**: 신맛이 강한 프렌치드레싱, 파프리카와 신맛이 어우러진 이탈리안 드레싱이 대표적이다.
- **크림타입**: 마요네즈 스타일인 사우전드 아일랜드 드레싱, 블루치즈가 들어간 블루치즈 드레싱이 대표적이다.

How to Eat Bread

8 빵

그대가 무엇을 먹는지 말하라. 그러면 나는 그대가 누군지 말해보겠다.
– 장 앙텔름 브리야사바랭(Jean Anthelme Brillat-Savarin)

1) 아침에 제공되는 빵

아침에 제공되는 빵은 메인요리 대신이기 때문에 버터나 지방의 함유량이 높은 페이스트리류의 빵이 많으며, 저녁 정찬 때 서빙되는 빵과는 다르다.

■ 페이스트리란?

과자 혹은 빵으로 지방 함량이 높고 결이 층층이 나뉘어 한 겹 한 겹 떨어지거나 부스러지는 식감을 가지고 있다.

■ 페이스트리의 종류

크루아상, 쇼트, 스위트 페이스트리, 스펀지, 슈 등으로 나뉘며 그 외에도 퍼프 페이스트리, 파이, 필로 페이스트리, 키시, 쿠키, 머핀, 스콘 등이 있다. 프랑스와 독일, 오스트리아, 이탈리아, 덴마크의 페이스트리가 유명하다.

Tip Point 초승달처럼 생겼다 하여 붙여진 프랑스의 크루아상은 버터를 많이 섞어 만들었기 때문에 크리스피하고 따뜻하게 먹는 대표적인 아침 빵이다.

2) 코스요리에서 제공되는 빵

빵은 각 코스마다 입맛을 정리하고, 다음 코스를 맛있게 즐기기 위해 먹는 것으로 적당히 먹는 것이 좋으며, 빵은 수프 코스부터 먹는 것이 좋다.

■ **바스켓에 담겨 나와 모든 사람들이 셰어하는 경우**

- 하나를 집은 후 바스켓을 오른쪽에 있는 사람에게 건네준다. 여럿이 먹는 빵 한 덩이를 자를 때는 손으로 하지 않으며, 바스켓 안에 있는 리넨을 사용하며 빵을 잡고 잘라낸다.

- 덩어리 빵을 떼어낼 때, 빵 부스러기가 테이블 위에 떨어지기 쉬우므로 테이블 세팅 왼쪽에 있는 빵 접시 위에서 뜯어야 한다.

Tip Point
- 몇 번을 덜어도 실례가 안 되니, 한꺼번에 많이 가져오지 않도록 한다.
- 바스켓에 마지막으로 남은 빵의 경우, 다른 사람에게 먼저 의사를 물어보고 먹는다.

■ **버터를 옮겨야 할 경우**

제공된 서빙나이프가 있다면, 버터를 조금 잘라낸 후 옮기고, 만약 서빙나이프가 없다면 본인이 버터나이프를 사용해 개인 빵 접시에 옮기면 된다. 버터나이프는 빵을 먹을 때만 사용하며, 서빙나이프를 가지고 빵에 바르지 않는다.

Tip Point
만약 식사 중 채소에 버터를 바르고 싶다면, 소량의 버터를 빵 접시에 올려놓고, 디너 나이프로 빵 접시에 있는 버터를 메인접시로 옮기면 된다.

■ **먹는 방법**

빵 전체에 버터를 발라서 먹지 않으며, 나이프를 이용하지 말고 손으로 한입 크기로 뜯어서 먹는다. 한쪽에 빵을 들고, 한쪽은 음료수를 들고 먹지 않는다. 버터나 올리브 오일을 찍어 먹을 때에도 한입 크기로 뜯어 바르거나 찍어 먹는다.

Tip Point
음식에 남아 있는 소스를 찍어 먹고 싶다면, 소량의 빵을 포크로 집어서 소스를 살짝 찍어 먹는다. 절대, 소스를 긁어 먹지 않는다.

3) 빵의 종류에 따른 먹는 방법

빵은 빵접시 위에서 자르거나 뜯어야 부스러기가 테이블에 많이 떨어지지 않는다.

■ 데니시

반 또는 사등분으로 잘라 손 또는 포크로 먹는다.

■ 영국식 식빵

토스트한 식빵은 버터나이프를 이용해 꾹꾹 눌러 4등분한 뒤 한 조각씩 그냥 먹거나 잼 혹은 버터를 발라 손으로 들고 먹는다.

■ 끈적거림이 많은 롤빵

칼로 반 또는 4등분하여 손으로 먹는다. 만약 너무 끈적이면 포크와 나이프를 사용한다.

■ 바게트

• 바게트 빵이 길 경우, 본인이 먹을 만큼만 냅킨을 이용하여 자른다.
• 빵접시 또는 개인접시에 옮겨 담은 후 한입 크기로 조금씩 뜯어 먹는다.

■ 페이스트리

• 겉은 바삭하고 속은 부드러운 빵이기 때문에 바게트 빵과 마찬가지로 빵의 부스러기가 튀지 않도록 조심해서 자르는 것이 중요하다.
• 손으로 뜯어가며 먹는 것이 좋은데 부드러운 속부분의 빵으로 부스러기를 가볍게 눌러서 같이 먹으면, 깨끗함을 유지할 수 있다.
• 페이스트리류의 빵은 겉부분이 바삭하기 때문에 입 주위에도 묻기 쉬우므로 먹고 나서 냅킨으로 닦도록 한다.

Tip Point 크림 페이스트리의 경우, 손으로 먹기보다는 포크와 나이프를 사용해서 먹는 것이 좋다.

■ 크루아상

• 크루아상은 겉은 바삭하고 속은 부드러운 빵이기 때문에 바게트 빵과 마찬가지로 빵의 부스러기가 흩어지지 않도록 조심해서 자르는 것이 중요하다.
• 손으로 뜯어가며 먹는 것이 좋은데 부드러운 속부분의 빵으로 부스러기를 가볍게 눌러서 같이 먹으면, 깨끗하게 유지할 수 있다.

■ 하드롤

빵이 크고 겉이 단단하므로 그냥 자르면 부스러기가 많이 나온다. 그러므로 중심 윗부분의 칼집 낸 자국에 버터나이프를 대고 지그시 눌러 반으로 자른다. 빵이 마르지 않도록 자른 면이 접시에 닿도록 놓고 한입 크기로 뜯어가며 먹는다.

빵의 역사를 통한 잉카인들의 지혜

지금의 인도나 터키 음식으로 알려진 '난' 모양의 빵은 아스텍 족과 잉카 족들이 옥수수로 만든 빵이었다. '아메리카 곡식'이라 불린 옥수수가 1492년 콜럼버스에 의해 유럽에 전파되면서 빵의 역사가 시작되었으며, 대량재배가 가능한 옥수수는 빵의 대중화에 중요한 수단이 되었다.

17세기에 이르러 옥수수는 남동부 유럽에서 일반 대중들의 식량으로 확고하게 자리 잡았으며, 옥수수를 이용한 옥수수죽, 옥수수빵 등의 과도한 섭취는 유럽인들에게 불행을 안겨주었다. 1730년 옥수수의 다량섭취로 염증을 유발시켜 피부가 거칠어지고 장과 위에 통증을 일으키며 신경질환을 유발하는 치매성 환각 및 사망을 일으키는 펠라그라병을 유발시켰다. 하지만 몇 천 년 간 옥수수를 주식으로 먹었던 잉카인들에게는 펠라그라병이 문제되지 않았다. 이들은 옥수수죽을 만들어 지금의 화덕을 연상시키는 중간과정에서 난처럼 구워 먹었으며 옥수수와 다른 음식을 같이 섭취하였다. 해안에 사는 인디언은 물고기를 갈아 옥수수반죽에 섞거나 물고기 사냥이 어려울 때는 호박가루나 콩가루, 강낭콩 줄기를 태운 재를 섞었다. 몇 천 년 전, 아메리카 대륙의 인디언인 잉카인들은 이 영양적인 균형을 어떻게 알았던 것일까? 이것이 바로 신비한 고대문명의 진가이며 지금도 미스터리로 남아 있는 잉카문명의 지혜일 것이다.

빵의 자리 변화

중세유럽에서는 식사할 때 빵을 $15 \times 10cm$로 만들어, 흡수성 높은 접시로 사용하였다. 식사가 끝나면 빵은 먹거나 거지에게 주거나, 혹은 개에게 먹이로 주었다. 15세기가 되어서야 접시가 나무로 바뀌면서 빵의 자리가 바뀌게 되었다.

Meat

9 고기요리

메인요리는 코스의 본격적인 시작을 알리는 것이다.
메인요리에 사용되는 쇠고기, 돼지고기는 부위에 따라 스테이크 및 로스트 등 다양한 방법으로 요리된다.

1) 돼지고기요리

■ 포크커틀릿(Pork Cutlet)

돼지고기에 소금과 후추로 간을 한 후 밀가루, 달걀물, 빵가루를 묻혀 튀긴 음식이다. 일본이 근대화되는 과정에서 국민들이 육식을 쉽게 접할 수 있도록 개발된 돼지고기요리이며 돈가스로 더 많이 알려져 있다.

■ 베이컨(Bacon)

베이컨은 돼지의 옆구리 살을 소금에 절인 후 훈연시킨 가공식품이다. 지방질이 적은 옆구리 살에서 갈비뼈를 제거하고 직육면체로 자른 다음 피를 모두 빼고, 소금에 절여 훈연한 후 얇게 썬 것이다. 날것이므로 반드시 삶거나 지져서 익혀 먹는다.

2) 쇠고기요리

■ 로스트비프(Roast Beef)

영국의 전통적인 요리법으로 커다란 고깃덩어리를 모양이 변하지 않도록 실을 감아 소금으로 양념한 후 오븐이나 석쇠 혹은 팬에 구운 요리이다.

■ 스튜(Stew)

낮은 온도에서 고기와 감자, 콩, 토마토 등의 채소를 넣고 오래 끓인 수프와 비슷한 요리이다.

■ 바비큐(Barbecue)

각종 채소와 고기를 꼬챙이로 꿰거나, 석쇠에 올려 불에 직접 굽는 요리이며 원하는 소스와 함께 먹는다.

■ 스테이크(Steak)

4~5cm 두께로 두툼하게 썰어서 프라이팬이나 석쇠에 간단하게 구워 먹는 음식이다. 비프스테이크가 가장 일반적이며, 쇠고기의 부위별로 스테이크의 종류가 나누어진다.

- 샤토브리앙(Chateaubriand): 19세기 프랑스 작가인 샤토브리앙 남작의 전속 요리사 몽미레이유가 소의 안심 부위 중 가운데 부분을 4~5cm 두께로 잘라서 익힌 것으로 알려진 최고급 스테이크이다.
- 투르네도(Tournedos): 1855년 파리에서 처음 시작된 것으로 안심의 중간 뒷부분을 이용하여 베이컨을 감아서 구워낸 요리이다.
- 필레미뇽 스테이크(Filet Mignon Steak): 안심 부위의 꼬리에 해당하는 세모형태의 뒷부분을 잘라 베이컨으로 감아서 구워낸 소형 스테이크이다.
- 서로인 스테이크(Sirloin Steak): 쇠고기 허리 윗부분(loin)의 살을 두툼하게 썰어 구운 것으로 가장 대표적인 메인요리이다. 스테이크에 경어인 Sir를 붙일 만큼 최고의 맛을 가진 귀한 쇠고기 부위이다.
- 티본스테이크(T-bone Steak): T 자로 뼈가 들어가 있는 스테이크로 뼈를 기준으로 한쪽은 등심, 다른 한쪽은 안심으로 이루어져 있다. 1인분이 약 350g 이상이다.
- 척아이롤 스테이크(Chuck Eye Roll Steak): 어깨 부위인 목심을 이용해서 요리하는 스테이크로 식감이 질기고 퍽퍽하다. 가격이 저렴해서 미디엄이나 레어로 먹으면 좀 더 부드럽게 먹을 수 있다.

- 뉴욕 스트립 스테이크(New York Strip Steak): Shell Steak로도 불리며, 가장 부드러운 허리 윗부분을 사용한다.

■ **햄버그스테이크(Hamburg Steak)**

다진 고기에 양파, 빵가루, 달걀 등을 더해 둥글고 납작한 형태로 만들어 굽는 요리로 독일의 함부르크에서 발달되었다.

3) 그 밖의 고기요리

■ **송아지고기(Veal)**

지방이 적고, 부드러우며 독특한 향을 가지고 있다. 주로 굽거나, 튀김, 찜 요리로 만들어 먹는다.

■ **어린 양(Lamb)**

1년 정도 된 어린 양을 미디엄 또는 웰던으로 익혀서 나온다. 로스트 비프처럼 6~8cm 정도의 두께로 잘라 나오며, 민트젤리 소스와 함께 제공된다.

4) 먹는 방법

■ **바비큐(Barbecue)**

- 바비큐와 같은 꼬치요리는 따뜻할 때 먹는 것이 좋다.
- 왼손으로 꼬치를 쥐고, 포크나 젓가락을 사용하여 꼬치를 돌리며 빼내어 먹는다.
- 손으로 들고 먹어야 할 경우, 하나씩 입으로 빼서 먹는다. 마지막 먹기 힘든 부분은 두 입으로 나눠 한쪽 면을 먼저 먹은 다음 반대쪽 면을 먹는다.

■ **스테이크(Steak)**

- 스테이크는 고기를 비스듬히 썰어 먹는다.
- 왼손에 포크, 오른손에는 나이프를 잡고 팔자(八) 모양을 한다. 이때 팔꿈치

아랫부분을 접시와 평행하게 한 후, 고
기의 왼쪽부터 한입 크기로 먹는다.

- 곁들인 채소는 장식이 아니므로 고기와
번갈아가며 먹는다.
- 소스는 본 요리의 1/3 정도 끼얹어 먹
는다.
- 호스래디시, 머스터드 등의 차가운 소스는 스테이크 옆에 조금 담은 후, 고
기를 조금씩 잘라가며 찍어서 먹는다.

■ 티본스테이크(T-bone Steak)
- 나이프와 포크를 이용하여 뼈를 따라 고기를 잘라낸다.
- 잘라낸 고기는 뒤집지 않는다.
- 뼈는 접시 오른쪽 윗부분에 놓아둔다.
- 분리한 고기는 왼쪽부터 스테이크와 같이 비스듬히 한입 크기로 잘라 먹는다.
- 마지막으로 뼈에 붙은 고기는 냅킨으로 뼈를 잡고 들고 먹을 수 있다.

고기의 굽기 정도

- 레어(Rare): 고기를 자르면 피가 흐를 정도로 겉면만 살짝 구운 방식
- 미디엄 레어(Medium Rare): 고기를 자르면 피가 흐르지는 않지만 붉은색
이 선명하게 보이도록 겉면을 구운 방식
- 미디엄(Medium): 고기를 자르면 붉은색이 절반 정도 보이도록 구운 방식
- 미디엄 웰던(Medium Well-done): 고기를 자르면 약간의 붉은색이 보이도록
구운 방식. 부드러운 식감이 감소됨
- 웰던(Well-done): 육즙이 약간 남도록 고기를 완전히 익혀 구운 방식
- 베리웰던(Very Well-done): 육즙이 없을 정도로 고기를 완전히 익혀 구운
방식. 부드러운 식감이 없고, 고기가 질겨짐

Chicken, Duck, & Turkey
10 닭고기, 오리고기, 그리고 칠면조고기

대중적인 가금류 식재료의 종류로는 닭, 오리, 거위, 칠면조 등이 있다.
그중 닭고기요리는 가장 대중적인 요리이다.

1) 닭고기 요리 먹는 방법

닭(Chicken)은 전 세계적으로 가장 많이 먹는 가금류로 지역과 문화에 따라 다양한 조리법을 가지고 있다.

■ 뼈가 없는 경우

나이프와 포크를 사용하며 왼쪽부터 한입 크기로 잘라가며 먹는다.

■ 뼈가 있는 경우

포크와 나이프를 사용해 뼈 주변의 살코기를 잘라서 먹고, 나머지 뼈 부분은 손으로 잡고 먹어도 좋으나 격식을 차려야 하는 자리에서는 삼가는 것이 좋다.

 닭다리 끝이 종이로 싸여 있으면, 손으로 먹어도 된다는 뜻이다. 하지만 이는 편한 자리에서만 해당되며 호스트가 손으로 먹을 때에는 함께 손으로 먹어도 좋다.

2) 오리고기 요리 먹는 방법

통으로 구워내는 베이징식 오리구이인 베이징덕은 보통 한 마리 또는 반 마리를 주문한다. 주문하면 주방장은 손님이 보는 앞에서 종이처럼 얇게 잘라주는데, 채 썬 양파, 오이, 소스, 얇게 부친 바오빙이라는 밀전병이 함께 나온다.

■ **중국 베이징덕 먹는 방법**

① 오리고기를 소스에 찍어서 밀전병 중간 위에 올려놓고, 양파, 오이를 올린 후, 그 위에 바삭한 오리고기 껍질을 올리는데 껍질은 소스를 찍지 않도록 한다.

② 내용물이 든 밀전병을 반으로 접는다. 이때, 젓가락을 이용하여, 양쪽 옆 부분을 눌러서 접은 후, 말아 올리고 젓가락으로 집어서 먹는다.

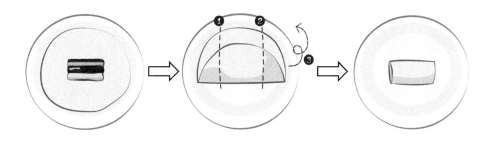

> **Tip Point** 오리(Duck)는 통으로 구워 먹기도 하나 가슴과 다리 부분을 주로 먹는다. 뼈가 없는 살코기(De–bone)의 경우, 스테이크처럼 구워서 먹으며, 껍질과 지방을 제거하지 않은 상태에서 요리를 한다.

3) 칠면조고기 요리 먹는 방법

칠면조 요리는 보통 한 마리가 통으로 준비되어 오랜 시간 굽는다. 전용 포크를 이용해 고정시키고, 전용 나이프로 잘라서 사이드와 곁들여 크랜베리 소스에 찍으며, 옥수수, 으깬 감자, 호박파이, 소시지 등과 같이 먹는다. 칠면조의 다른 요리법으로 샌드위치, 샐러드, 파테 등이 있다.

> **Tip Point** 미국 추수감사절(Thanksgiving Day)에 먹으며, 칠면조는 정착 초기에 원주민이 경작법 및 칠면조 사육법을 알려준 것을 기리기 위해 먹기 시작했다.

Fish

11 생선

생선은 스시나 구이, 튀김 등의 여러 종류로 유용하게 사용된다.
생선의 종류와 요리법에 따라 요리 이름이 결정되고, 맛과 풍미가 달라진다.

1) 조리상의 특징

생선의 주요 요리법은 생선을 육수에 넣어 끓이기(Boiling), 생선에 소량의 육수를 넣고 끓여서 조리기(Braising), 끓는 물의 수증기로 요리하는 찌기(Steaming), 기름에 튀기기(Frying), 숯불이나 프라이팬에 굽기(Grilling), 생선에 소금과 후추를 뿌려 밑간한 후 밀가루를 묻히고 버터에 굽는 뫼니에르(Meuniere) 등이 있다.

Tip Point 메인에 주로 쓰이는 생선으로는 가자미, 농어, 도미, 대구, 민어 등의 흰 살 생선과 연어, 참치, 송어 등의 붉은 살 생선이 있다.

2) 먹는 방법

■ 생선 살로만 요리된 경우

대부분, 생선 살로만 요리해서 서빙되는 경우가 많다. 생선요리는 쉽게 부서질 수 있으므로 왼쪽부터 한입 크기로 잘라가며 먹는다.

■ 찌거나 삶아서 살이 부드러운 생선요리의 경우

수분을 이용한 생선요리는 부드럽기 때문에 부서지기 쉽다. 따라서 피시 스푼을 나이프처럼 사용하는데, 자른 생선과 소스를 피시 스푼에 얹어서 먹는다.

■ **통째로 서빙된 생선요리의 경우**

① 곁들여 나온 레몬 또는 라임을 손으로 가리고 짜서 뿌려주고, 둥글고 얇게
　자른 레몬의 경우, 요리 위에 올려놓고 포크로 가볍게 눌러서 짜낸다.

② 가운데 맛있는 부분부터 먹는다.

③ 가시를 제거할 때에는 머리부터 한꺼번에 제거하도록 한다.

④ 사용한 레몬 껍질, 잔가시, 껍질 등을 모아서 오른쪽 위쪽에 두고 먹는다.

Tip Point 입속에 남은 뼈는 포크를 입 언저리에 대고 뱉은 후 접시 가장자리에 모아 놓
는 것이 좋다.

3) 생선 먹을 때 주의할 점

■ 생선은 절대 뒤집지 않고 먹는 것이 중요하다.

■ 생선 살을 후벼 파지 않고 적당량을 떼어 깨끗하게 먹는다.

■ 손을 사용하지 않고 잔가시도 젓가락으로 제거한다.

■ 아래쪽을 먹을 때 가시 사이로 살을 파먹지 않도록 한다.

Crustacean

12 갑각류

바닷가재, 게, 새우 등이 갑각류에 속한다.
먹는 방법이 약간은 번거로울 수 있으나 도구 사용법만 알고 있다면, 맛있게 즐길 수 있는 최고의 음식이다.

1) 새우 먹는 방법

■ 메인요리일 경우

메인으로 새우가 나올 경우에는 포크와 나이프를 이용해서 꼬리부터 먹는다.

① 먼저 머리와 꼬리를 잘라 떼어놓는다.

② 다리를 잘라 떼어놓는다.

③ 왼쪽 손은 포크로 머리 부분을 지탱하고 나이프를 껍질과 속살 사이로 넣어 껍질을 위로 올려가며 벗긴다.

④ 껍질은 오른쪽 위나 껍질 전용접시에 놓는다.

⑤ 속살은 접시 앞쪽에 놓고 한입 크기로 잘라 먹는다.

■ 메인요리에서의 소스

• 소스가 개인용으로 서브될 경우, 새우를 찍어 먹어도 되지만, 셰어용일 경우 작은 양을 접시에 덜어 놓고 먹는다.

• 소스와 같이 서빙되었을 경우, 해산물 포크를 이용해서 먹는다.

■ **튀김으로 나올 경우**

새우의 꼬리를 잡아 소스에 찍어 먹으며, 남겨진 꼬리는 접시 위에 잘 포개어 놓는다.

2) 게 먹는 방법

■ **통째로 먹을 경우**

통으로 쪄서 나온 게는 다리부분부터 먹는 것이 좋다.

① 다리는 손으로 뜯어내고 껍질 전용가위(Nutcracker)를 이용해 다리 마디마디를 자른다.

② 포크 또는 전용송곳(Nutpick)을 사용해 다리 살을 빼서 먹는다.

③ 몸체를 먹을 때에는 포크를 사용한다.

④ 껍질 자체가 말랑한 게일 경우 속살만 먹어도 되고, 껍질 전체를 먹어도 된다.

⑤ 다 먹은 껍질은 접시 끝부분에 모아둔다.

■ **튀김으로 나올 경우**

튀긴 게는 손으로 먹어도 되지만, 기름기가 있어 포크로 먹는 것이 좋다.

3) 로브스터 먹는 방법

① 반으로 나누어 소스를 얹은 후 구워 나온 로브스터는 왼쪽부터 한입 크기로 잘라가며 먹는다.

② 다 먹으면 로브스터의 껍질을 뒤집어 놓는다.

Tangerine

13 귤

겨울철 대표 과일인 귤은 과즙이 풍부하고 새콤달콤한 맛이 특징이다.
귤에 다량 함유된 카로티노이드 색소는 골밀도의 저하를 예방하는 효과가 있는 것으로
알려져 있다.

1) 먹는 방법

귤은 손으로 껍질을 일정하게 벗겨가며 먹기도 하고, 둥글 썰기하거나 반달로
썰어 먹기도 한다. 보통 껍질째 제공되는 경우가 많은데 이때 손을 이용하여 껍
질을 일정하게 벗겨서 먹는 방법이 보기에 깔끔하다.

■ 통째로 서빙될 경우

① 귤은 굴려서 껍질을 부드럽게 한 후 귤 꼭지가 달렸던 부분을 밑으로 가게
하고, 껍질 윗부분을 엄지손가락을 이용하여 가른다.

② 4등분하여 1/4 정도에 해당되는 껍질을 차례차례 벗긴다.

③ 껍질이 벗겨진 과육은 조금씩 떼어서 먹는다.

④ 과육을 다 먹고 나면 남겨진 귤 껍질은 다시 안쪽으로 하나씩 겹쳐가며
접는다.

⑤ 겹쳐진 귤 껍질이 다시 펼쳐지지 않도록 뒤집어 놓는다.

■ **1~2cm 두께로 둥글 썰기하여 제공된 경우**

① 개인접시에 가져다 놓고, 손으로 껍질을 벗긴 후 과육은 한입 크기가 되도록 조금씩 떼어가면서 먹는다.

② 먹고 나면 남은 껍질은 반으로 접어 납작하게 한 후 접시 한쪽에 모아 놓고 손은 냅킨에 닦는다.

■ **귤이 반달모양으로 잘려서 제공된 경우**

① 개인접시에 가져다 놓고, 껍질을 벗겨 과육을 반으로 나누어 먹은 후 껍질은 접시 한쪽에 모아 놓는다.

② 만약 포크가 같이 나오면 손으로 껍질을 벗기고, 과육은 손과 포크를 이용하여 작게 나눈 후 포크로 찍어서 먹는다.

Tip Point 손과 포크를 이용하는 경우 손에 과즙이 묻게 되므로 물수건을 함께 제공하거나, 손가락을 가볍게 씻을 수 있는 핑거볼을 서빙하면 좋다.

Lemon & Lime

14 레몬과 라임

레몬은 그 떫고 독특한 맛 때문에 여러 가지 가금(家禽)·생선·채소 요리의 맛을 높이는 데 쓰인다.
레몬즙 자체나 얇게 썬 레몬을 홍차에 넣어 마시기도 한다.

1) 먹는 방법

■ 즙을 내는 경우

- 반으로 잘라 그대로 즙을 짜기보다 먼저 레몬을 싱크대 위에 놓고 손바닥을 이용하여 여러 번 굴려주면 레몬이 부드러워져서 즙을 짜기가 수월해진다.
- 이 과정을 거친 레몬은 반으로 잘라 씨를 뺀 뒤 착즙기에 올려 짜거나 손으로 꼭 쥐어 즙을 짜낸다.

■ 음식에 곁들여 나오는 경우

음식에 곁들여 나오는 경우 1/6로 자른 웨지형태의 레몬이나 얇게 동글 썰기한 레몬이 곁들여 나올 수 있다.

- 웨지형태의 레몬은 음식 위에서 조금 거리를 두고, 짤 때는 다른 사람에게 피해가 가지 않도록 한쪽 손은 레몬을 잡고, 한쪽 손은 컵 모양으로 가리고 짠다.

- 둥글게 썬 레몬은 음식 위에 올려놓고 포크 바닥으로 지그시 눌러 즙을 짠다. 레몬 껍질은 오른쪽 위에 둔다.

레몬 손질법

레몬을 껍질째 섭취할 때에는 깨끗하게 씻어주는 것이 매우 중요하다.

1. 큰 그릇에 레몬을 담은 후 베이킹소다를 3스푼 정도 뿌려 껍질에 골고루 묻혀준다. 레몬이 잠길 정도로 미온수를 채워주고 20분 정도 기다린다.
2. 물을 버린 후 굵은소금을 레몬 위에 뿌려준 다음 고무장갑을 착용하고 굵은소금을 껍질에 대고 문지른다.
3. 뜨거운 물에 레몬을 넣었다 건진 후 차가운 물에 헹구어낸다.

레모네이드 만들어보기

레몬은 싱크대에 대고 굴려 부드럽게 한 다음 반으로 잘라 씨를 제거하고 레몬 스퀴저에 올려놓은 후 손으로 눌러서 즙을 짜낸다. 짜낸 즙에 꿀이나 시럽을 넣고 따뜻한 물이나 찬물을 넣고 잘 젓는다.

Melon

15 멜론

멜론은 주로 애피타이저나 디저트로 많이 사용된다.
기본적으로 한입 크기로 잘라 먹으며, 포크 또는 스푼을 사용한다.

1) 먹는 방법

멜론은 꼭지부분보다는 밑둥부분 과육의 당도가 높다. 그러므로 왼쪽에 꼭지부분이 위치하도록 놓고, 왼쪽부터 먹으면 오른쪽으로 갈수록 당도가 높아져 과육에 대한 만족도를 높일 수 있다.

살짝 눌러보아 단단하면 2~3일쯤 실온에 두었다가 먹는 것이 좋다. 약간의 탄력이 느껴질 때 먹으면 부드럽고 달콤한 멜론을 먹을 수 있다.

■ 8등분으로 잘라서 껍질 쪽에 칼집을 내서 나온 경우

- 포크와 나이프를 이용하여 왼쪽부터 한입 크기로 잘라가며 먹는다.
- 다 먹은 후, 껍질을 뒤집어 놓도록 한다. 만약 껍질이 바로 뒤집어지지 않으면 상대방에게 껍질의 바깥부분이 보이도록 놓는다.

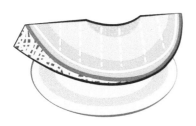 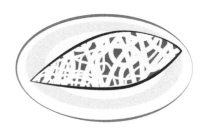

■ **포크만 나온 경우**

포크의 옆을 이용하여 한입 크기로 자른 후 포크로 찍어서 먹는다. 다 먹은 후 뒤집어 놓는다.

■ **스쿱(Scoop)을 이용하여 접시에 담아내거나 화채로 이용하고 싶은 경우**

- 반으로 자른 멜론의 속씨를 빼낸다.
- 스쿱을 과육에 대고 깊게 넣은 후 돌려서 들어 올리면 둥근 모양의 멜론을 만들 수 있다.

멜론의 종류

1. 허니듀(Honeydew)
   미국 캘리포니아에서 생산되는 멜론으로 껍질이 매끄럽고 크림색이 나는 멜론이다.
2. 머스크멜론(Muskmelon)
   껍질은 초록색이고 거미줄 모양의 갈색 선이 그려진 멜론으로 당도가 높고 다른 멜론에 비해 수분함량이 많다.
3. 캔털루프(Cantaloupe)
   대표적인 미국산 멜론으로 겉은 머스크멜론과 비슷하다. 엷은 갈색을 띠며, 속의 과육은 오렌지색을 띤다.

Banana

16 바나나

바나나는 열대과일로 칼륨, 카로틴, 비타민 C가 풍부하다.
바나나는 변비, 스트레스 해소, 다이어트, 항암효과, 뇌졸중 예방 등에 좋다.

1) 먹는 방법

바나나가 껍질째 나왔을 경우 손으로 먹기도 하고 포크와 나이프 혹은 포크로만 먹기도 한다.

■ 손으로 먹을 경우

- 바나나의 껍질을 절반 정도만 벗겨내고, 한입이나 두 입 크기 정도로 잘라 먹는다.
- 절반을 먹고 나면 다시 남은 껍질을 벗기고 조금씩 떼어 먹는다. 이때 손이 청결하지 않으면 바나나의 껍질을 조금씩 벗겨가며 먹는다.

 껍질을 한번에 다 벗기고 나서 먹지 않도록 한다.

■ 포크와 나이프를 이용할 경우

① 접시에 바나나를 편안하게 놓고, 왼쪽 끝을 포크나 왼손으로 고정시킨 후, 양 끝을 나이프로 칼집을 낸 후 껍질 윗부분을 벗겨낸다.
② 벗겨낸 껍질은 접시 위쪽에 놓는다.
③ 그다음에 포크와 나이프를 이용하여 왼쪽부터 한입 크기로 잘라가며 먹는다.
④ 다 먹고 나면 과육이 있던 자리가 보이지 않도록 껍질은 뒤집어 놓는다.

Tip Point
- 포크만 나왔을 경우에는 손으로 윗부분의 껍질을 벗겨낸 후 포크를 이용하여 왼쪽부터 한입 크기로 잘라가며 먹는다.
- 바나나를 자르기 전에 물로 깨끗이 씻었는지 확인하도록 한다.

바나나(Banana)

세계적으로 중요한 식용작물인 바나나는 주로 당으로 이루어져 있다. 탄수화물이 22% 정도 들어 있으며, 칼륨이 많고, 비타민 A와 C도 풍부하다.

1. 고르는 방법
바나나 껍질에 갈색 반점이 하나둘씩 나타났을 때 당도가 가장 높다. 따라서 녹색 바나나를 샀을 경우, 바로 먹지 않고 숙성시켜 먹으면, 풍부한 당분을 함유한 바나나를 맛볼 수 있다.

2. 보관방법
바나나는 수확 후에도 계속 익는 후숙(後熟) 과일이자 열대 과일이기 때문에 냉장고에 넣으면 색깔이 검게 변하며, 과육이 물컹해지는데, 이는 바나나가 질식했다고 볼 수 있다. 따라서 실온에 두는 것이 가장 좋은 보관법이다.

Apple

17 사과

사과는 늦여름부터 가을이 가장 맛있다.
사과는 식이섬유가 많고 장에 좋으며 피부미용에도 효과가 있다. 또한 피로회복, 혈압
감소에 도움이 된다.

1) 먹는 방법

사과는 8등분하여 먹기 좋게 잘라서 나오는 경우도 있지만, 경우에 따라 통째
로 나오기도 한다. 8등분으로 나오는 경우에도 포크와 나이프가 있으면 한입 크
기로 잘라가며 먹는다.

■ **통째로 나오는 경우**

① 사과를 접시 위에 올려놓은 후, 왼손으로 사과를 누르고 나이프로 반을 자
른다.

② 반으로 자른 사과는 잘린 면이 접시에 닿도록 놓는다. 이렇게 하면 공기와
접촉하여 산화되는 것을 막을 수 있다.

③ 다시 반으로 잘라 4조각으로 만들거나 사과 크기가 너무 크면 4조각을 다
시 반으로 잘라 8조각을 만든다.

④ 4등분 내지 8등분한 사과의 껍질 쪽을 포크로 고정시키고 나이프를 이용
하여 중심의 씨부분을 일직선으로 도려낸다.

⑤ 껍질 쪽의 포크를 빼서 과육부분을 찍는다. 그리고 나이프를 이용하여 사
과의 껍질을 벗겨낸다. 껍질째 먹는 경우에는 이 과정을 생략한다.

⑥ 포크를 빼내고 씨를 제거한 부분이 접시 바닥에 닿도록 한 후, 포크와 나
이프를 이용하여 왼쪽부터 한입 크기로 잘라가며 먹는다.

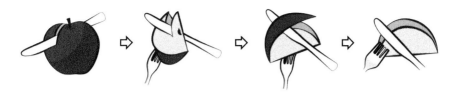

Tip Point 나이프만 제공되었을 경우 고정시키는 역할을 담당했던 포크 대신에 손을 이용하여 나이프와 함께 같은 방법으로 잘라가며 먹는다. 이와 같은 방법으로 사과를 먹는 것이 쉽지는 않지만 몇 번 반복하면 점차 능숙해진다.

자른 사과 보관방법

  사과는 깎아서 공기 중에 두면 사과 속에 들어 있는 클로로겐산과 폴리페놀류가 산화효소의 작용을 받아 과육이 갈변하는데 이를 방지하려면 1L의 물에 1g의 식염을 넣은 식염수(1,000배액)에 담가둔다. 이 경우 농도가 지나치면 짜고 쓰게 느껴지므로 주의해야 한다. 갈변방지의 다른 방법으로 레몬즙을 뿌리기도 하고 설탕물에 담그기도 한다.

Apricot, Peach, & Cherry

18 살구, 복숭아, 그리고 체리

살구는 비타민 A가 풍부하고 천연당류의 함유량이 높다. 말린 살구는 매우 좋은 철분의 섭취원이며 말린 살구 씨는 진해·천식·신체부종 등의 치료에 쓰인다.
칼슘이 풍부한 체리는 골다공증 및 소염효과가 있어 염증으로 인한 관절통·근육통 예방과 눈 피로에 좋다.

1) 먹는 방법

■ 살구

잘 익은 살구는 부드러워 양손으로 가볍게 잡고 비틀면 반으로 나누어진다. 속의 씨를 제거하고 과육을 그대로 먹으면 된다.

■ 반으로 나누어지지 않는 살구

입으로 베어서 먹으며, 이때 치아 자국이 상대방에게 보이지 않도록 한다.

Tip Point 자두도 반으로 나누어지지 않는 경우, 입으로 베어 먹은 후 상대방에게 치아 자국이 보이지 않도록 놓는다.

■ 복숭아

껍질과 과육 사이에 단맛이 많으므로 껍질째 먹는 것이 좋다. 먹고 남은 씨는 접시 한쪽에 모아 놓는다. 껍질을 벗기고 먹을 때에는 껍질을 벗긴 뒤 먹기 좋게 자르거나 껍질째 반달모양으로 8등분한 후 껍질을 벗겨 접시에 담아낸다. 먹을 때는 포크로 찍어 먹거나 포크의 옆면을 이용하여 한입 크기로 잘라 먹는다.

■ 체리

작은 과일은 깨끗이 씻어서 서빙된다. 손으로 집어 꼭지를 뗀 후에 먹으며, 입안에서 씨를 발라 손이나 스푼 위에 올려놓은 후 접시 한쪽에 모아 놓는다.

Watermelon

19 수박

남아프리카 열대지역이 원산지인 수박은 여름철의 더위와 갈증을 없애는 데 탁월하다. 속을 시원하게 해주는 효과가 있어 여름철 인기 있는 과일에 속한다.

1) 먹는 방법

■ 커틀러리가 제공되지 않을 경우

• 원뿔형으로 잘라 커틀러리 없이 수박만 서빙되는 경우 손으로 집어 한입 크기로 잘라가며 먹는다.

• 씨는 손으로 받아 접시 한쪽에 모아 놓는다.

• 다 먹고 나면 먹은 부분이 보이지 않도록 겉껍질이 위로 오도록 뒤집어 놓는다.

■ 커틀러리가 제공될 경우

• 원뿔형으로 자른 수박과 포크가 함께 서빙되면 포크를 이용하여 씨를 제거한 뒤 한입 크기로 잘라가며 먹는다.

• 한입 크기로 자르거나 스쿱을 이용하여 둥근 모양으로 떠서 접시에 담아 서빙되면 포크를 이용하며 먹는다.

■ 애플수박

요즈음 작은 과일, 작은 채소가 뜨고 있는 가운데 주먹만 한 크기의 애플수박이 출시되었다. 공중에 매달려 자라는 애플수박은 무게가 700~1,000g 정도이며 청량감도 뛰어나다.

• 큼직하게 잘라서 서빙되면, 포크로 잘라가며 먹는다.

Cheese

20 치즈

우유 또는 양, 산양 등의 젖을 응축해서 만들며, 단백질, 지방, 칼슘 등을 함유한 전채 혹은 디저트 식품이다.
치즈는 만드는 방법, 생산지, 숙성 정도에 따라 각 치즈마다 맛과 향이 다르며 독특한 풍미를 지니고 있다.

1) 먹는 방법

치즈는 대부분 실온에서 즐겨야 그 맛과 향을 제대로 즐길 수 있기 때문에 먹기 1시간 전에 꺼내두는 것이 좋고, 생치즈는 차게 먹는 것이 좋다.

숙성된 치즈는 종류마다 맛과 향이 다르므로 자를 때에는 나이프를 각각 따로 사용하는 게 좋으며, 최대한 작은 조각으로 잘라 치즈의 면이 공기와의 접촉을 통해 맛과 향이 풍부하게 살아나도록 즐기는 것이 좋다.

 Tip Point 카나페를 먹는 방법은 어떻게 서빙되느냐에 따라 차이를 보인다.

■ 치즈 먹는 방법

치즈를 먹는 방법은 때(Occasion)와 질감에 의해 정해진다. 격식있는 디너에서 치즈 트레이는 샐러드로, 디저트 코스에서는 크래커와 같이 서브된다.

• **부드러운 치즈의 경우**: 치즈 트레이에서 조금 잘라, 개인접시에 옮겨 놓는다. 도구를 사용해 치즈를 크래커에 발라 손가락으로 집어먹는다.

• **딱딱한 치즈의 경우**: 슬라이스로 잘라져서 나오므로 개인접시에 옮겨 담아 포크로 먹거나, 크래커에 올려서 손으로 먹는다.

Tip Point 딱딱한 부분은 포크와 나이프를 이용해 잘라낸다.

치즈(Cheese)의 종류

1. 생치즈(Fresh Cheese)

저온 살균한 소젖을 활용해 만들어 신선하고 숙성시키지 않았기 때문에 향이 없고 치즈 내부는 흰빛을 띠며 크림성분이 강하거나 응집력이 없이 부스러지는 형태로 모차렐라 치즈(Mozzarella Cheese), 리코타 치즈(Ricotta Cheese), 부르생 치즈(Boursin Cheese) 등이 있다.

2. 연성치즈(Soft-Ripened Cheese)

3~6주 정도의 숙성을 거쳐 만들어지는 치즈로 특이한 맛과 향을 더하기 위해 마늘, 후추 등의 향신료나 호두 등을 첨가하기도 하며, 치즈 내부는 흰 크림형태를 띤다. 외부 껍질은 희고 부드러운 흰 곰팡이로 덮인 것이 특징으로 브리 치즈(Brie Cheese)나 카망베르 치즈(Camembert Cheese) 등이 대표적이다.

3. 경성치즈(Hard Cheese)

단단하여 숙성이 진행될수록 감칠맛이 나는 에멘탈 치즈(Emmental Cheese), 콩트 치즈(Comte Cheese), 보포르 치즈(Beaufort Cheese) 등의 하드타입과, 탄력있고 부드러우면서도 감칠맛이 있는 고다(또는 하우다) 치즈(Gouda Cheese), 마리보 치즈(Maribo Cheese), 그뤼에르 치즈(Gruyere Cheese), 체더 치즈(Cheddar Cheese) 등이 있다.

4. 블루치즈(Blue Cheese)

치즈에 독특한 맛과 향을 주기 위해 푸른빛의 곰팡이를 이용한 것이 블루치즈이다. 곰팡이로 숙성시킨 것으로 산지에 따라 대표적으로 고르곤졸라 치즈(Gorgonzola Cheese), 로크포르 치즈(Roquefort Cheese), 스틸턴 치즈(Stilton Cheese) 등이 있다.

Cake

21 케이크

케이크는 겹겹이 쌓아 올려, 다양한 맛과 식감뿐만 아니라 보는 즐거움까지 준다.
요즘은 고구마, 당근, 쌀가루 등을 이용한 다양한 종류의 케이크들이 나오고 있어 여러
연령층이 함께 즐기고 있다.

1) 먹는 방법

■ 삼각형 케이크

케이크 모서리 부분에 먼저 세로로 포크를
넣고, 가로로 잘라야 팔꿈치가 위로 올라가
지 않는다. 이렇게 자른 조각은 포크를 세로
로 해서 찍어 먹는다.

■ 사각형 스펀지케이크

먼저 포크를 가로로 자르고, 그다음 세로로
잘라 포크로 먹는다.

■ 셀로판지로 포장되어 있는 경우

셀로판지나 종이의 위쪽에 포크를 끼워
돌돌 말아 접시 한쪽에 놓는다. 만약,
다 먹은 후 포크가 더러워졌다면 이 종
이에 같이 싸서 마무리한다.

■ 여러 장이 겹쳐 있는 팬케이크

- 먼저 포크와 나이프를 이용하여 열십자로 자른다.
- 버터와 시럽이 스며들게 한다.
- 윗부분부터 한 장씩 한입 크기로 잘라 먹는다.

케이크 모양이 원형인 이유는

케이크의 모양은 대부분 둥글고 특별한 날에 먹는 음식이다. 현재는 여러 모양의 케이크도 있고, 평상시에도 즐겨 먹고 있지만 생일이나 결혼, 또는 축하자리에서는 대개 케이크를 먹는 것이 관습처럼 되었다. 그렇다면 왜 케이크의 모양이 둥글고 또 특별한 날을 기념하기 위해 먹는 음식이 되었을까?

그 이유는 종교의식과 관련이 있다. 케이크는 옛날부터 신을 기리기 위해, 신에게 소망을 빌기 위해 사용한 제사음식이었기 때문이다. 고대인들에게 계절의 변화를 주관하는 태양과 달은 씨앗을 뿌리고 결실을 거두는 데 결정적인 역할을 하는 숭배의 대상이었으며, 윤회로 이어지는 삶과 죽음을 주관하는 신적 존재였다. 그래서 고대인들은 계절의 변화를 주관하며 일 년 중 특정일이 되면 신성한 능력을 발휘하는 신이나 정령에게 제물을 바쳤다. 이때 바친 제물이 케이크였는데, 태양과 달을 형상화해 둥글게 만들었다고 한다. 서양인들뿐만 아니라 동양의 중국인들도 달의 역할을 중요하게 여겼다. 인류학자들은 중추절에 달과 같은 둥근 형태의 월병을 만들어 달의 여신에게 바친 것을 서양의 케이크와 같은 것으로 보고 있다.

이처럼 케이크는 곡식과 과일이 풍성하게 열매 맺기를 기원하는 의식의 도구였기 때문에 결혼식에서 다산을 기원하거나 생일에 생명의 탄생을 축하하기 위해 사용되었으며 그 전통이 오늘날의 웨딩케이크와 생일케이크로 이어지고 있다.

Pasta

22 파스타

파스타(Pasta)는 이탈리아어로 "반죽(Paste, Dough, Batter)"을 의미하며 이탈리아의 주요리이다.
파스타는 물과 밀가루, 소금 등으로 반죽하여 삶아낸 것을 총칭한다.

1) 먹는 방법

파스타를 먹을 때는 항상 포크와 스푼을 양쪽으로 사용하는 것이 '예의'라고 생각하는데 그렇지 않다. 원칙적으로 평평한 접시는 포크만 사용해서 파스타를 돌돌 말아 먹고, 깊이가 있는 접시의 경우는 스푼을 함께 사용한다.

■ 평평한 접시인 경우

- 파스타가 접시 또는 얕은 그릇에 담겨 나오면, 포크를 사용하는데, 포크 사이로 세네 개 정도의 면을 걸쳐 접시 한쪽에서 포크를 세워 돌린다.
- 수직으로 돌린 포크를 비스듬히 말면서 들어 올린다. 이때 파스타가 흘러내릴 수 있으므로 주의한다.

- 입에 넣을 수 있을 정도의 크기로 말아서 먹으며, 한번에 많이 떠서 입으로 잘라 먹지 않는다.

Tip Point 파스타를 서빙받고 나서, 먼저 파스타면을 뒤쪽으로 밀고 앞쪽에 스페이스를 만들면 파스타를 말아서 먹기 쉽다.

■ 깊이가 있는 접시인 경우(1)

오른손에 포크를, 왼손에 스푼을 쥐고 스푼으로 받쳐 돌려 말아서 먹는다. 물론 이때도 한꺼번에 많은 양을 말아서 먹지 않는다.

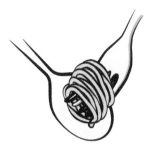

■ 깊이가 있는 접시인 경우(2)

- 깊이가 있는 그릇에 라비올리처럼 나온다면 스푼으로 먹는다.
- 국수의 면이 라비올리 또는 라자냐처럼 넓으면 포크나 스푼으로 먹는다.
- 짧은 파스타를 먹을 때는 찍어 먹지 않고 포크 안쪽으로 떠서 수평을 유지하면서 입에 넣도록 한다.

Tip Point 국수 먹듯이 소리내어 공기와 함께 빨아들이지 않으며, 식사가 끝나면 포크와 스푼은 4시와 5시 사이의 방향에 나란히 놓는다.

■ 봉골레와 같이 껍질이 있는 경우

- 나이프를 사용할 경우, 나이프로 조개껍질을 누르고 포크로 꺼내어 먹으며, 껍질은 접시 위 오른쪽에 모아두거나 다른 빈 접시에 담아 놓는다.

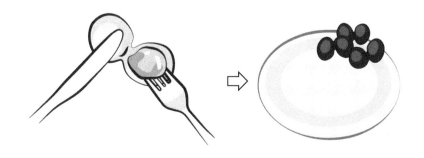

• 손을 사용할 경우, 왼손으로 조개를 누르고 오른손으로 포크를 사용해서 알 맹이를 꺼내 먹는다. 껍질은 접시 위 오른쪽에 모아두거나 다른 빈 접시에 담아 놓는다.

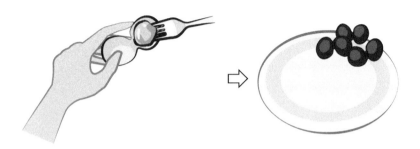

파스타(Pasta)의 종류

• 링귀네(Linguine): 납작하게 뽑은 파스타
• 스파게티(Spaghetti): 길고 얇은 기본 파스타 면
• 베르미첼리, 버미첼리(Vermicelli): 아주 가는 면, 주로 부숴서 수프에 넣어 먹음
• 라자냐(Lasagna): 크고 납작한 파스타
• 엘보(Elbow): 팔꿈치처럼 구부러진 파스타
• 지티(Ziti): 길이와 굵기가 중간 정도이며, 중간이 비어 있는 파스타
• 리가토니(Rigatoni): 바깥쪽에 줄무늬가 있는 튜브 모양의 파스타
• 마니코티(Manicotti): 큰 튜브 파스타로 표면이 각진 주름 또는 부드러운 표 면이며 끝을 일자로 자르거나 대각선으로 자른 모양의 파스타
• 파르팔레(Farfalle): 리본모양
• 로티니(Rotini): 모양이 있는 파스타로 짧은 스프링과 같은 모양
• 루트(Route): 바퀴모양
• 콘킬리에(Conchiglie): 조개모양의 파스타

Others

23 코스 외의 요리 먹는 방법

좋은 음식은 좋은 대화로 끝이 난다.
－조프리 네이어

1) 샌드위치

샌드위치는 두께가 있고 물기 있는 종류가 많기 때문에 모양이 흐트러지지 않도록 잘 잡아야 한다. 상대방에게 치아자국이 보이지 않도록 베어 먹은 쪽은 본인을 향하도록 접시 위에 올려 놓는다.

2) 햄버거

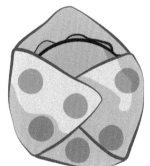

■ **종이에 포장되어 있는 경우**

종이를 먹을 부분만 조금 펼쳐서 먹으면, 상대방에게 입을 보이지 않고 먹을 수 있다.

■ **접시에 담겨 나왔을 경우**

손으로 가볍게 누르면 먹기 쉽다. 나이프와 포크가 세팅되어 있을 경우 고정되어 있는 핀을 오른쪽으로 옮기면서 왼쪽부터 잘라가며 먹는다.

3) 구운 통감자(Baked Potatoes)

■ 나이프를 이용해 윗부분을 길게 자른 후, 감자를 벌린다.
■ 포크로 신선한 부분을 으깨서 떠먹는다. 또는, 감자를 얇게 잘라 껍질을 벗겨가며 먹는다.

- 버터, 소금, 후추 또는 사워크림, 치즈, 베이컨 등은 포크를 이용해 감자가 따뜻할 때 잘 섞어서 먹는다.

Tip Point 껍질과 같이 먹기를 원할 경우, 감자를 반으로 잘라 포크와 나이프를 이용해 조금씩 잘라서 먹는다.

4) 통째로 찐 옥수수(Corn on the Cob)

통째로 찐 옥수수의 경우, 격식을 차리지 않는 자리에서 서빙되는 경우가 많으며, 기본적으로 핑거푸드에 포함된다. 따라서 손으로 먹어도 된다.

5) 프렌치 프라이(French Fries)

햄버거, 핫도그 등과 같이 나오는 프렌치 프라이는 손으로 먹어도 되며, 접시에 다른 음식과 같이 나올 경우, 포크를 이용한다. 케첩이나 다른 소스에 찍어 먹을 경우, 접시에 소스를 조금 덜어 놓고 찍어 먹는다.

6) 콩(Peas)

나이프를 이용해 콩을 포크에 찍어서 먹거나, 포크를 오른손에 쥐고 가볍게 으깨어 포크로 떠서 먹는다.

7) 국수(Noodle)

■ **젓가락을 이용하여 국수 먹기**
- 처음부터 많은 양을 집어 먹으면 입안에 음식물이 가득 있어 보기에도 좋지 않고 도중에 잘라 먹어 지저분해 보이니 적당량을 집어 먹는다.
- 면을 입에 넣고 난 후 면의 끝부분을 젓가락으로 잡는다.
- 면을 흡입할 때 젓가락으로 면의 끝부분이 흔들리지 않도록 잡으면서 먹는다.

■ 스푼을 이용하여 국수 먹기

• 스푼에 면을 담아 개인접시처럼 이용하여 먹는다. 이렇게 하면 국물도 튀지 않고 깨끗하게 먹을 수 있다.

• 스푼으로 면을 먹을 때, 입안에 스푼을 다 넣지 않고 먹도록 한다.

• 스푼으로 국물을 마실 경우 젓가락은 내려놓고 오른손으로 마신다.

샌드위치의 유래

영국 남동부 켄트 지방의 샌드위치 백작 4세인 존 몬태규((John Montague: 1718~1792)의 이름에서 명칭이 유래되었다. 도박에 심취해 있던 백작은 카드 게임을 멈추지 않고 허기와 식욕을 충분히 만족시킬 수 있는 음식을 오랫동안 고민하였다. 그러던 중 1762년 중동과 근동지역 여행 중에 이 문제를 해결할 수 있는 음식을 찾아서 만들어 먹기 시작하면서 샌드위치라는 명칭이 생겨났다.

사실 샌드위치의 기원은 이보다 훨씬 전인 기원전 1세기로 거슬러 올라간다. 유대교의 현자 힐렐(Hillel the Elder)이 유월절 기간에 누룩을 넣지 않고 만든 빵인 무교병 사이에 양고기와 쓴맛의 허브를 넣어서 먹었다는 기록이 있다. 그런 이유로 로마인들은 이 음식을 '힐렐의 간식'이라는 뜻으로 '시부스 힐렐리(Cibus Hilleli)'라고 불렀다. 그리고 샌드위치 백작의 이야기를 통해서도 알 수 있듯이 샌드위치는 중동과 근동지역을 포함한 다른 문화권에서는 서구나 유럽에서 인기를 끌기 훨씬 오래전부터 샌드위치와 유사한 형태의 음식을 만들어 먹고 있었다. 뿐만 아니라 네덜란드에서 만들어진 속을 가득 채운 롤빵 '벨레제 브루제(Belegde Broodje)'는 샌드위치 백작이 도박을 배우기도 전인 17세기에 이미 인기를 끌고 있었다.

How to Eat Sauce

24 소스 먹는 방법

소스는 음식의 맛과 풍미를 더해주는 감초역할을 한다.
소스는 요리의 기본이자, 만드는 데 그만큼 많은 정성과 시간이 필요하다.

1) 먹는 방법

■ 버터

- 버터가 버터 볼에 공동으로 사용하도록 담겨 있을 경우에는 버터나이프를 이용해 개인접시에 옮겨 담아야 한다.
- 포장된 버터가 나올 경우 개인 빵접시에 옮겨 포장을 벗긴 후에 먹는다.

 만약 버터나이프가 제공되지 않으면, 깨끗한 개인 나이프 또는 포크를 사용한다.

■ 올리브 오일 / 꿀

- 버터 대신 올리브 오일이 제공되었을 경우, 접시에 따로 옮겨 담거나, 바로 올리브 오일 그릇에 빵을 찍어 먹는다.
- 꿀이 작은 볼에 나왔다면, 스푼으로 돌돌 말아서 접시 위에 올려놓고 먹는다.

 먹었던 빵을 소스에 찍어서 먹지 않으며, 빵을 한입 크게 잘라서 먹도록 한다.

■ 그 외 소스

- 음식과 다른 용기에 케첩이나 머스터드가 서빙되었다면, 스푼을 이용해 접시에 옮겨 담는다. 만약 그릇이 아닌 병에 제공되었다면, 음식에 바로 뿌리지 않고, 접시 끝부분에 털어 놓아야 한다.
- 크림소스, 치즈소스 등은 그릇에 담겨 나오며, 채소에 부어 먹으면 된다.

- 크랜베리 소스, 고추냉이와 같이 걸쭉한 소스는 음식에 직접 뿌리지 않고, 접시에 따로 담아서 먹는다. 액체 소스는 스푼을 사용해서 음식에 뿌려 먹거나 찍어 먹는다.

Tip Point 만약 종이로 포장된 음식에 케첩을 뿌릴 경우에는 음식에 바로 뿌린다.

■ 소스 주문방법

- 소스는 사용하기 전, 음식의 맛을 먼저 보고 주문한다.
- 소스는 편안하게 사용해도 좋지만 고급 레스토랑에서 케첩의 주문은 자제하는 것이 좋다.

■ 가니쉬 먹는 방법

대부분의 음식에서 가니쉬는 모양을 내기 위한 장식뿐만 아니라, 맛과 영양소를 생각해서 올리는 것이기 때문에 음식을 먹을 때 같이 먹으면 된다. 레몬과 감귤류의 가니쉬는 껍질이 벗겨져 먹을 수 있는 크기인 경우에만 포크를 사용해서 먹는다.

Chapter

마시는 방법 – 음료의 매너

1. 음료의 이해
2. 한국의 술 종류와 음주 매너
3. 중국의 술 종류와 음주 매너
4. 일본의 술 종류와 음주 매너
5. 맥주와 칵테일
6. 위스키와 브랜디
7. 와인
8. 커피
9. 차의 이해

Understanding of Beverages

1 음료의 이해

서양의 정찬에서 음료를 마시는 것은 음식을 더욱 맛있게 먹기 위한 것이다.
음식을 더욱 맛있게 먹기 위해서는 그 음식과 코스에 맞는 적절한 음료를 선택하여 마시는 것이 중요하다.

1) 음료의 종류

음료는 나라별로 특색을 가지고 있으며, 이를 마시는 습관 또한 다르므로, 그 특징과 문화를 이해하고 마시는 것이 서양의 테이블 매너이다.

■ **제조법에 따른 분류**

- **양조주**: 곡물의 녹말이나 과일의 당분을 발효시켜 여과한 술로 가장 오랜 역사를 가지고 있다. 종류로 와인, 맥주, 청주, 막걸리 등이 있다.

- **증류주**: 양조주를 증류하여 알코올 농도를 진하게 만든 술이다. 종류로 위스키, 브랜디, 고량주 등이 있다.

- **혼성주**: 증류주에 다른 종류의 술을 섞거나 약초, 열매, 식물의 뿌리, 색소, 과즙, 향 등을 혼합하여 만든다. 종류로는 매실주, 베르무트(와인+약초), 인삼주 등이 있다.

■ **식사에 따른 분류**

- **식전주**: 식전에는 소량의 알코올을 마셔 식욕을 돋우고 위산의 분비를 촉진시킬 수 있는 가벼운 음료인 칵테일, 샴페인, 캄파리, 셰리 등을 마신다.

- **식중주**: 식사 중 코스의 사이에 음료를 마시는 이유는 각 코스의 음식 맛을 더욱 좋게 만들고 소화를 돕는 역할 때문이므로, 알코올 농도는 높지 않고 위에 자극을 주지 않는 와인이나 맥주가 좋다.

- **식후주**: 식후에는 소화를 돕고 입맛을 정리할 수 있는 리큐어나 브랜디 등 알코올 농도가 높고 향미가 풍부한 음료를 마시는 것이 좋다.

■ 비알코올 음료

비알코올 음료에는 탄산이 첨가된 탄산음료와 비탄산음료인 물, 다양한 주스류, 우유와 같은 영양음료, 커피, 차 같은 기호음료가 있다.

알코올 음료의 종류

1. 외국의 술
   - 양조주: 포도(와인), 과실(시드르 · 페리), 곡류(맥주 · 황주), 용설란(풀케)
   - 증류주: 곡류(위스키 · 보드카 · 진), 사탕수수 · 당밀(럼). 그 밖에 과일 브랜디로 포도(코냑 · 아르미냑), 사과(칼바도스 · 애플 · 잭), 체리(키르슈), 자두(슬리보비츠 · 미라벨)
   - 혼성주: 과일, Herb & Spice, Seeds & Nuts

2. 한국의 전통주
   - 양조주: 순곡주류(탁주 · 청주 · 일반주), 혼양곡주류(약용곡주류 · 가향곡주류 · 과실주 · 혼성주)
   - 증류주: 순곡증류주, 약용증류주, 가향증류주
   - 혼성주: 양조주와 증류주를 제외한 기타 주류

비알코올 음료의 종류

1. 일반음료
   - 청량음료: 탄산성 음료, 비탄산성 음료
   - 영양음료: 주스류, 우유류
   - 기호음료: 커피류, 차류
   - 기능성 음료

2. 한국의 전통음료
   - 찬 음료: 화채(花菜 : 유자화채 · 창면 · 원소병), 수정과(水正果 : 곶감수정과 · 배수정과), 장(漿 : 모과장 · 유자장), 갈수(渴水 : 임금갈수 · 포도갈수), 식혜(食醯 : 감주), 미수(米水 : 보리미수 · 현미미수)
   - 더운 음료: 탕(湯 : 제호탕 · 봉수탕), 차(茶 : 우리는 차 · 달이는 차), 숙수(熟水 : 자소숙수 · 정향숙수)

Korean Drinking Manners

2 한국의 술 종류와 음주 매너

한국은 과실과 곡물을 익혀 발효시킨 것을 술이라고 한다.
한국, 중국, 일본은 비슷한 듯 다른 전통주를 가지고 있다.

1) 한국술의 종류

우리나라는 곡주가 유명하며 지방마다 다양한 향토 민속주가 있다.

- **탁주**: 발효된 곡물과 누룩을 그대로 걸러낸 술
- **청주**: 탁주를 걸러서 맑게 내린 술
- **소주**: 청주를 증류한 술

2) 한국의 음주 매너

자리를 배치할 때 상석은 문과 가장 먼 자리이며, 높은 사람이 먼저 앉을 때까지 기다린다.

■ 술을 따르는 매너

- 술은 항상 아랫사람이 윗사람에게 의사를 여쭌 후 먼저 따라 드리며, 무릎을 꿇고 두 손으로 잔을 드린다.
- 멀리 있는 윗사람에게 술을 따라야 할 경우, 윗사람의 앞까지 가서 무릎을 꿇고 따르거나 한쪽 무릎을 세운 자세로 따라야 한다.
- 술을 따를 때는 오른손으로 술잔을 잡고, 왼손은 팔꿈치 아랫부분을 받친다.

Tip Point 이것은 한복을 입는 문화에서 나온 방법이다. 만약 양복을 입었을 경우, 와이셔츠 앞부분이 벌어질 수 있으므로 왼손은 가슴 중앙 부분에 댄다.

■ **술을 받는 매너**

• 윗사람이 술을 따라줄 때 아랫사람은 무릎을 꿇고, 오른손으로 술잔을 들고, 왼손은 술을 따를 때와 같은 위치에 놓는다.

• 술을 따를 때는 오른손으로 술잔을 잡고, 왼손은 팔꿈치 아랫부분을 받친다.

Tip Point 윗사람은 아니지만, 처음 만났거나 경어를 사용하는 경우는 두 손으로 술을 따르고 받는다.

■ **술 마시는 매너**

• 술은 윗사람이 권할 때까지 기다린다.

• 윗사람과 술을 마실 경우, 윗사람의 반대편으로 얼굴을 돌려 마신다.

• 윗사람이 앞에 앉아 있을 경우, 옆사람이 본인과 동등한 관계인 경우 아랫사람 쪽으로 얼굴을 돌려서 마신다.

• 술을 마신 후, 술잔을 내려놓고 편안한 자세로 다시 앉는다.

■ **술을 사양해야 할 경우**

• 상대방이 술을 사양할 경우, 그 잔을 다른 사람에게 권하지 않는다.

• 퇴주잔에 본인이 약간의 술을 따라서 마신 후, 이유를 설명하고 빈 잔을 다른 사람에게 권한다.

• 술을 무조건 사양하는 것은 예의가 아니며, 술을 못 마시는 이유를 설명하고 술잔에 술을 받고, 입술을 적시듯 마신다.

• 만약 전혀 술을 하지 못하는 경우, 음료수로 대처하도록 한다.

Tip Point 술을 무리하게 요구하는 것은 상대방에 대한 예의가 아님을 명심해야 한다.

■ **건배의 매너**

• 건배를 할 때, 아랫사람은 윗사람의 술잔보다 높이 올리지 않는다.

• 동료나 친구와 건배할 때에는 같은 눈높이로 한다.

Chinese Drinking Manners

3 중국의 술 종류와 음주 매너

중국은 지방마다 한두 개의 특산주가 있을 정도로 술의 종류가 많으며, 술이 없는 잔치는
하지 않는다는 말이 있을 정도로 음주문화가 중요하다.

1) 중국술의 종류

중국의 술은 대표적으로 다섯 가지로 나눌 수 있다.

- **백주**: 투명하고 혼탁하지 않은 술로 30~40도의 증류주
- **황주**: 찹쌀, 누룩, 약재로 만들어져 색이 노랗고 윤기가 나는 술로 알코올 도
  수가 16~18도인 술
- **과실주**: 산둥의 레드와인과 청도의 화이트와인
- **약주**: 병의 치료를 위해 만든 술
- **맥주**: 짧은 역사를 가지고 있으나 빠르게 성장하고 있는 청도, 연경, 화윤 지
  역이 유명하다.

2) 중국의 음주 매너

- **자리배치**

  입구에서 가장 먼 곳이 상석으로 귀빈이 앉는다. 하석은 그 반대편인 입구
  근처이기는 하나, 경치가 좋은 장소나 북쪽을 선호하는 문화의 나라이므로
  장소에 따라 정한다.

   중국에서 음주 시 자리배치에 매우 신경써야 한다.

143

■ 술 따르는 매너

• 술잔에 술을 가득 따르는 것은 애정과 존중을 뜻한다.

• 한 손으로 술을 따르는 경우도 있지만, 기본적으로 두 손으로 술을 따르는 것이 예의이다.

■ 술 마시는 매너

• 술을 마시고 싶을 때는 혼자 마시지 말고, 꼭 건배를 제의한다.

• 술을 마실 때는 꼭 상대방을 바라보며, 상대의 속도에 맞춰 술을 마신다.

• 중국은 원 샷 문화를 강요하지 않는다. 따라서 본인이 마시고 싶은 만큼만 마셔도 된다.

• 하지만 첫 잔의 경우 깨끗하게 비우는 것이 좋으며, 주연에서 건배를 자주 하고 그때마다 잔에 있는 술은 모두 마시는 것이 중국 술자리의 매너이다.

Tip Point 중국은 잔을 돌리는 문화가 아니므로 잔을 돌리지 않는다.

■ 건배를 할 경우

• 특정한 한 사람과 한 잔 마시길 원할 경우 일어서서 건배를 제의한다.

• 제의받은 사람은 일어나서 잔을 부딪치고 마신다.

■ 술을 거절할 경우

• 상대방이 술을 권할 때 거절하기보다는 약간의 성의를 보인다.

• 술을 거절할 경우는 오른손으로 잔을 가볍게 가리면 된다.

Japanese Drinking Manners

4 일본의 술 종류와 음주 매너

사케는 일본에서 모든 알코올 음료를 포괄적으로 말한다.
우리나라에서 사케는 청주를 뜻한다.

1) 일본술의 종류

사케는 쌀을 깎아낸 비율, 즉 도정률과 원료비율에 따라 등급이 정해진다. 쌀에 있는 단백질과 지방의 영향으로 도정률(搗精率: 조곡에 대한 정곡의 비율, 즉 중량 또는 용량)이 낮을수록 술맛이 맑고 향이 좋으며, 크게 세 종류로 분류된다.

- **음주(긴조: 吟壤)**: 쌀과 쌀누룩, 양조 알코올을 사용하고, 와인처럼 향기가 좋은 특징이 있으며, 쌀을 40% 깎으면 음주(긴조), 50% 깎으면 대음주(다이긴조: 大吟醸)가 된다.
- **준마이슈(純米酒)**: 쌀, 쌀누룩, 물로만 만들어진 술로 쌀의 맛이 나므로 밥에 어울리는 요리와 잘 맞는다.
- **혼조조우슈(本醸造酒–본양조주)**: 당류는 사용하지 않고 소량의 양조 알코올을 첨가한 청주로 긴조처럼 쌀을 깎지 않은 술로 깊은 맛이 나는 요리에 어울린다.

2) 일본의 음주 매너

- **건배의 매너**
  - 연회 시작 직후에 일본술로 건배를 한다.
  - 건배가 끝나기 전에 음식을 먹지 않는다.

Tip Point 안주보다 술이 먼저 나와야 한다.

■ 술 따르는 매너

- 테이블 위에 놓인 술잔에 따르지 않으며, 상대방이 술잔을 들면 그때 따르도록 한다.
- 술을 따를 때, 오른손으로 일본술병(德利 : とっくり돗쿠리)의 가운데 윗부분을 잡고 왼손으로는 술병 주둥이 밑부분을 받쳐 잡는다.
- 처음부터 한꺼번에 따르면 넘칠 수 있으니 양을 늘리면서 따른다.

■ 술 마시는 매너

- 상대방을 정면으로 응시하며, 술을 마신다.
- 오른손의 검지와 엄지로 잔을 잡고, 왼손의 손가락 끝을 잔 밑에 가볍게 댄다.
- 술잔에 술이 남아 있으면, 잔을 치우지 않는다.
- 술을 마시는 동안 잔이 비지 않도록 하고 술병에 술이 들어 있는지 가볍게 흔들어 확인한 후 따른다. 상대방의 잔이 비게 두는 것은 무관심의 표시이다.
- 술을 못 하는 경우, 양해를 구한 뒤 잔을 엎어놓는다.
- 여자는 두 손으로 잔을 든다.

그 외의 음주문화

1. **독일**: 맥주를 좋아한다. 화이트와인도 생산한다.
2. **러시아**: 강한 술을 마시는 것으로 유명하다. 컵에 술이 있으면 첨잔하지 않는다.
3. **미국**: 과거에는 금주의 나라였다. 지금도 공공장소에서 마시면 경찰에게 체포되는 경우가 있다.
4. **브라질**: 술 마시는 방법에도 여러 가지가 있다. 휴일에는 해변이나 친구 집에 모여 하루 종일 술을 마시는 습관이 있다.
5. **사우디아라비아**: 이슬람교 국가인 사우디아라비아는 법률도 엄격하다. 이슬람권 공식 자리에서는 관광객도 금주를 해야 한다.
6. **프랑스**: 와인만을 고집하는 경향이 있다. 식전, 식사 중, 식후로 술의 종류가 나뉘어 있다. 참고로 식사 중에는 와인이나 샴페인을 마신다.

Beer & Cocktail

5 맥주와 칵테일

우유는 아기 음료이다. 어른이 되면 맥주를 마시지 않으면 안 된다.
　　　　　　　　　　　　　　　　　　　　　-아널드 슈워제네거

1) 맥주

맥주는 물과 맥아인 보리 싹, 맥주 특유의 쓴맛을 갖게 해주는 홉(Hop) 등이 주원료로 단백질, 탄수화물, 비타민, 미네랄이 풍부하고 알코올 농도는 4~6도로 낮으며 청량감이 있는 알칼리 음료이다.

■ 맥주의 종류

- 라거 맥주(Lager Beer): 저온발효맥주로 세계 맥주 생산량의 대부분을 차지하는 라거 맥주는 제조 후 저온 살균하여 효모활동을 중지시키고 오랜 기간 저장이 가능하도록 병이나 캔에 넣어 만든다.
- 드래프트 맥주(Draft Beer): 신선한 풍미가 살아 있고 살균하지 않은 생맥주로 저온에서 운반·저장하며 빠른 소비가 필요하다.
- 스타우트 맥주(Stout Beer): 고온발효맥주로 색깔이 진하고 알코올 함량이 8~11도로 높은 흑맥주로 강한 맥아향을 지닌다.
- 에일 맥주(Ale Beer): 고온발효맥주로 호프와의 접촉시간을 길게 하여 강하고 쓴맛을 지닌다.

Tip Point 라이트 맥주는 알코올 농도와 칼로리가 낮은 맥주를, 슈퍼 드라이는 단맛이 거의 없는 담백한 맥주를 말한다.

■ 마시는 방법

맥주는 탄산가스의 청량감과 시원함을 즐기는 것이기 때문에 차갑게 마시는

것이 좋으나 너무 차면 풍미를 제대로 느낄 수 없고, 너무 온도가 높으면 맥주의 탄산이 증발하고 거품이 많아지므로 6~8도가 적당하다.

- 맥주는 공기와 닿으면 산화가 시작되기 때문에 따를 때, 거품으로 막을 만들어주는 것이 중요하다.
- 잔에 물기나 기름기가 남아 있으면 맛과 향이 감소하므로 물기와 얼룩을 제거하는 것이 좋으며, 맥주와 거품의 비율은 7:3이 적절하다.
- 맥주는 캐주얼한 분위기에서는 병이나 캔으로 즐겨도 좋으나, 마시는 사람이 양을 조절할 수 있도록 잔과 함께 제공하는 것이 좋다.

2) 칵테일

두 가지 이상의 술을 섞거나 부재료를 혼합해서 마시는 술인 칵테일은 장닭(Cock)의 꼬리(Tail)로 글라스를 장식한 데서 시작했다는 설과 코크텔(Coquetel)이라 불리는 와인 글라스에서 유래되었다는 설처럼, 맛, 향기, 다양한 색채를 즐길 수 있어 식욕을 증진시키고 위액 분비를 촉진시켜 식전주로 적합하다.

■ 칵테일의 종류

칵테일은 진, 보드카, 위스키, 럼 등의 기본 베이스에 소다워터, 진저에일, 토닉워터 등의 믹서류를 섞고 칵테일의 맛을 더욱 돋보이게 하는 레몬, 오렌지, 올리브, 체리, 파인애플 등의 가니쉬를 더해 만드는 알코올 음료이나 비알코올 칵테일도 있다.

■ 마시는 방법

- 칵테일은 항상 4~6도 정도로 차갑게 마시는 것이 좋은데, 스트레이트는 28g, 온더록스는 2oz가 좋으며 스트레이트로 즐길 때에는 체이서를 함께 주문한다.

Tip Point 체이서는 약한 술 뒤에 먹는 독한 술이나, 독한 술 뒤에 먹는 약한 술 또는 음료 등을 뜻한다.

- 칵테일을 마실 때에는 단번에 마시기보다는 조금씩 천천히 마시는 것이 좋다.
- 칵테일을 마실 때에는 가니쉬로 사용된 과일 등은 모두 먹는 것이 좋다.
- 장식용 우산이나 머들러(스틱) 등은 테이블 또는 빵접시에 올려놓는다.
- 칵테일 잔은 항상 오른편에 놓으며, 스템 부분을 잡고 천천히 마신다.
- 파티에서는 냅킨 등 버려야 할 것이 있으면, 쓰레기통을 찾을 때까지는 손에 들고 있어야 한다.

- 물방울이 떨어지는 것을 막기 위해 냅킨이 함께 준비되어 있을 경우에는 글라스를 감싸 쥐는 용도로만 사용하고 입을 닦거나 하지 않는다.
- 과일 껍질은 먹은 다음 컵 받침에 놓고, 다 마신 후에는 컵 안에 넣는다. 재떨이 등에 넣지 않도록 한다.
- 씨 있는 과일을 먹었을 경우 씨는 스푼에 뱉으며, 뱉은 씨는 종이에 싸서 놓는다.

칵테일 베이스 술 종류

1. 진: 증류주인 동시에 혼성주인 진은 노간주나무 열매인 주니퍼베리(Juniper Berry)로 만든다. 숙성하지 않은 술로 처음에는 이뇨효과가 있다고 하여 약용으로 쓰였으나 지금은 스트레이트나 칵테일의 재료로 많이 사용된다.

2. 보드카: 보드카는 러시아와 폴란드에서 발달한 술로 감자 등의 곡류를 증류하여 만들었다. 무색, 무취로 보드카 역시 스트레이트나 칵테일 재료로 많이 쓰이며 차게 하여 캐비아와 함께 즐기기도 한다.

3. 럼: 럼은 사탕수수에서 얻은 당밀을 원료로 해서 만든 술로 오크 숙성을 거치기 때문에 특유의 향미가 있어 스트레이트와 칵테일의 재료로 사용된다. 럼은 마티니를 만들 때 진 대용으로도 사용된다.

Whisky & Brandy

6 위스키와 브랜디

문명은 증류와 함께 시작되었다.
-윌리엄 포크너

1) 위스키(Whisky)

곡물을 발효시켜 만든 양조주를 오크통 숙성을 거쳐 증류시킨 위스키는 생산지별로 고유의 풍미와 특성을 가지고 있기 때문에 그 종류에 따라 맛과 향이 다르다.

■ 위스키의 종류

위스키는 생산지역에 따라 종류를 나눌 수 있다.
- 스코틀랜드(스카치위스키), 영국(스카치위스키), 캐나다(캐나디안 위스키), 일본(재패니즈 위스키)의 위스키는 보리가 주원료이며, Whisky로 표기한다.
- 미국(아메리칸 위스키), 아일랜드(아이리시 위스키)의 경우, 옥수수가 주원료이며, Whiskey로 표기한다.

■ 싱글과 블렌디드 위스키의 차이

싱글과 블렌디드 위스키는 다른 종류의 위스키를 섞는 과정을 거치지만, 어떠한 종류가 들어갔는지에 따라 싱글과 블렌디드로 나뉜다.
- 싱글 몰트(Single Malt): 같은 증류소에서 나온 술로 물과 맥아만 사용
- 싱글 그레인(Single Grain): 같은 증류소에 나온 술로 물과 맥아 또는 보리 이외의 다른 곡류, 몰팅하지 않은 보리 사용
- 블렌디드(Blended): 여러 증류소에서 나온 술을 블렌딩한 위스키

■ **스카치위스키의 종류**

위스키는 스카치위스키가 가장 유명하며 싱글몰트, 블렌디드, 블렌디드 몰트가 있다.

- 싱글몰트(Single Malt): 글렌피딕(Glenfiddich), 글렌 그랜트(Glen Grant)
- 블렌디드(Blended): 듀어스(Dewar's), 딤플(Dimple), 로얄 살루트(Royal Salute), 발렌타인(Ballentine's), 스카치 블루(Scotch Blue), 시바스 리갈(Chivas Regal), 올드 파(Old Parr), 윈저(Windsor), 임페리얼(Imperial), 제이 앤 비(J&B), 조니 워커(Johnnie Walker), 커티 삭(Cutty Sark), 킹덤(Kingdom)
- 블렌디드 몰트(Blended Malt): 프라임 블루(Prime Blue)

■ **마시는 방법**

위스키는 마티니, 위스키사워, 버번콕 등의 칵테일 베이스로 많이 사용되나 대부분은 위스키의 강한 맛과 개성을 느끼기 위해 다른 음료와 혼합하지 않고 스트레이트로 많이 마신다.

- 얼음만 넣어 온더록스(on the Rocks)로 마시기도 하며, 이때에는 블렌디드 위스키가 좋다.
- 칵테일로 만들어 식전주로도 좋고, 기름기가 많은 생선이나 스테이크 등과 함께 식중주로도 함께 마시며, 초콜릿, 말린 과일, 견과류 등과 함께 즐기는 것도 좋다.

2) 브랜디(Brandy)

브랜디는 와인을 증류한 후 오크통 숙성을 거쳐 블렌딩을 통해 만들어진다. 브랜디는 식후 커피에 넣어 마시거나 요리에 활용되기도 하나, 그 풍미가 풍부하고 독특한 향미로 식사 후 식후주로 많이 마신다.

■ **브랜디의 종류**

• 코냑(Cognac): 프랑스 코냐크 지방에서 생산된 브랜디이다.

• 아르마냑(Armagnac): 아르마냐크 지방에서 생산된다.

• 칼바도스(Calvados): 프랑스 북부 노르망디 칼바도스(Calvados) 지방의 특
  산물인 사과로 만든다.

■ **마시는 방법**

• 브랜디 글라스는 입구가 좁고 배가 불룩한
  튤립형의 잔에 1oz 정도의 양만 따라 마시는
  데, 글라스의 밑을 잡아 체온과 비슷한 온도
  로 마시면 브랜디 특유의 향을 즐길 수 있다.

브랜디 라벨의 숙성기간 표시

1. ★★★: 숙성기간 3년

2. V. O(Very Old): 숙성기간 3~5년

3. V. S. O(Very Superior Old): 숙성기간 12~15년

4. V. S. O. P(Very Superior Old Pale): 숙성기간 15~20년

5. X. O(Extra Old): 숙성기간 30~50년

6. Napoleon: 브랜드의 제품 중 최상의 제품에만 붙여 '특제품'의 의미가 있
   고 숙성기간의 의미는 적음

7 와인

Wine

와인은 포도로 만든 알칼리성 천연 발효주로 서양의 식탁에서 빠지면 안 되는 중요한 음료로 알코올 도수가 낮아 식사와 가장 잘 어울리는 술이다.

1) 와인의 종류

■ 색에 따른 종류

- 레드와인: 적포도를 껍질째 착즙하여 만든 와인이다.
- 화이트와인: 청포도나 적포도의 껍질을 제거하고 착즙하여 만든 와인이다.
- 로제와인: 적포도의 색깔이 어느 정도 착색되면 껍질을 분리하여 만든 와인이다.

■ 제조법에 따른 종류

- 스틸와인(테이블와인): 발효 시 발생되는 탄산을 완전히 제거한 일반적인 와인
- 스파클링와인(샴페인 : 프랑스 샹파뉴 지방에서는 샴페인이라 함): 발효 시 발생된 탄산가스를 그대로 병 속에 남겨 만든 와인
- 포트와인(포르투갈), 셰리(스페인): 제조과정에서 브랜디를 첨가하여 알코올 도수를 높인 주정강화 와인

■ 당도에 따른 종류

- 드라이 와인: 당분이 거의 없는 와인
- 스위트 와인: 와인 속에 적당한 당분이 남아 있는 와인

■ **식사코스에 따른 종류**

- 식전주(아페리티프): 식사 전에 식욕을 증진시켜 주는 와인이다. 주로 버무스, 비터스, 캄파리 등이 있다.
- 식후주(디제스티프): 식사를 마무리하는 와인으로 소화에 도움이 되며 단맛이 강한 것이 특징이다.

- 와인 보관법: 와인은 병 속에서 발효가 계속해서 일어나는 술로 온도, 빛, 진동 등에 매우 민감하므로 어둡고 서늘하며 조용한 곳에 눕혀서 보관하는 것이 좋다.

2) 와인의 적정온도

와인이 가지고 있는 독특한 풍미를 즐기기 위해서는 온도가 중요하다.

■ **화이트와인 & 로제와인**: 6~12도 정도로 차갑게 마신다.
■ **레드와인**: 15~20도의 실온이 적당하다.
■ **스파클링와인**: 5~8도로 차갑게 마신다.

와인의 생산국은 프랑스, 이탈리아, 독일, 스페인 등의 유럽 와인과 미국, 칠레, 호주, 뉴질랜드 등의 와인이 유명하다.

3) 와인의 오더 방법

와인을 주문할 때에는 와인의 다양한 특성과 함께 그날의 음식에 따라 여러 가지 사항을 고려하는 것이 중요하다.

특히 그날의 예산을 고려하여 병으로 할지 잔으로 할지를 결정하고, 소믈리에에게 금액에 맞는 와인을 부탁해도 무방하다. 하지만 이때 정확한 금액을 말하지 말고 와인 리스트를 보면서 부탁한다.

■ **와인을 여러 병 마실 경우**

산뜻한 맛에서 진한 맛의 순서로 주문하고, 보통 생선요리에 맞는 화이트와인에서 고기요리에 어울리는 레드와인 순으로 선택한다.

■ **한 병만 마실 경우**

와인을 즐기는 방법은 그날의 주요리에 맞는 와인을 선택하는 것이다.

■ **와인에 대해 잘 모를 경우**

와인에 대해 잘 모른다면 소믈리에에게 조언을 구하는 것도 좋으나, 본인의 취향을 잘 모르는 소믈리에가 추천해 주는 와인이 잘 안 맞을 수도 있으므로 '가벼운 것', '과일 맛이 나는 달콤한 향' 등 최소한의 개인 취향을 전달하도록 한다.

Tip Point 무리하게 식전주를 주문할 필요는 없지만, 만약 주문할 때에는 위스키와 같은 강한 술은 피하도록 한다. 칵테일이나 리큐어 중에서도 가벼운 것이 좋다.

4) 와인과 어울리는 음식

■ **일반적인 조화**

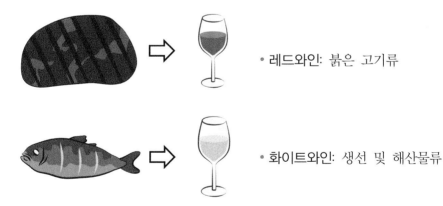

• 레드와인: 붉은 고기류

• 화이트와인: 생선 및 해산물류

■ **특정적인 조화**

• 음식의 소스가 붉은색일 경우에는 레드와인
• 송아지고기, 닭고기, 돼지고기처럼 살이 하얀 고기에는 드라이한 화이트와인
• 달콤한 음식에는 달콤한 와인, 달지 않은 음식에는 드라이한 와인
• 주문한 음식에 들어간 것과 같은 종류의 와인
• 프랑스 요리에는 프랑스 와인, 이탈리아 요리에는 이탈리아 와인, 즉 해당

지역의 와인과 음식

■ **와인에 어울리지 않는 음식**

- 비니거(식초)를 사용한 드레싱을 곁들인 샐러드
- 산성이 강한 과일(오렌지, 레몬 등)
- 달걀이 들어간 음식
- 기름기가 많은 생선(고등어)

Tip Point 와인을 주문할 경우 일반적으로 식사에는 달콤하지 않는 쌉쌀한 맛이 좋으며, 반드시 흰색은 생선, 붉은색은 고기 등의 규칙으로 주문할 필요는 없다.

5) 와인 잔 설명

림(rim)
볼(bowl)
스템(stem)
베이스(base)

6) 와인 따르는 방법

와인의 라벨은 포도의 품종, 수확연도 등이 표시된 와인의 얼굴이므로 와인을 따를 때는 받는 사람에게 라벨이 보이도록 따라야 하며, 와인의 양은 글라스의 6할 정도가 적당하다.

정찬이나 격식이 있는 자리에서 동석자에게 서로 와인을 따라주는 것은 예의에 어긋나므로 레스토랑 직원에게 신호를 하여 와인을 따라주도록 하는 게 좋으나 술자리에 따라 임기응변으로 행동하도록 한다.

Tip Point 종업원이나 소믈리에를 부를 때에는 소리를 내지 않고 조용히 손을 들거나 와인 잔을 들어 종업원을 부른다.

7) 와인 서빙받는 방법

소믈리에가 와인을 따라줄 때에는 글라스를 들지 않으며, 윗사람이 따라줄 때에는 글라스 받침부분에 손을 대고 있으면 된다.

와인 글라스는 항상 접시 오른쪽에 놓는 것이 세계의 약속으로 소믈리에는 반드시 자리 오른쪽에서 서비스한다.

8) 와인 테이스팅 방법

와인의 테이스팅은 그날의 호스트나 여성이 하는 것이 일반적이다. 테이스팅은 맛을 보는 것이 아니라 품질을 체크하거나 코르크 부스러기가 떠 있지 않은가 등을 확인하는 것이다. 변질된 와인을 제공하는 경우는 없으나, 의식 중의 하나로 생각하고 한 모금 맛을 보면 된다.

방법을 잘 모를 때에는 글라스를 빙글빙글 돌리지 말고 와인의 향을 천천히 음미한 다음 한 모금 마셔서 품질에 문제가 없는지를 확인한다. 이상이 없다면 주문을 한다. 테이스팅할 때에는 와인 잔의 다리(Stem)를 잡도록 한다.

와인 테이스팅 팁

1. 빛과 투명도: 잘 숙성된 레드와인은 영롱한 루비색이다. 화이트와인은 투명한 호박색이다.
2. 향기: 잔을 빙글빙글 돌리는 이유는 와인에서 나는 포도의 향과 오랜 숙성 기간 동안에서 나오는 부케향을 충분히 느끼기 위해서이다.
3. 맛: 레드와인의 경우 떫은맛, 단맛, 신맛 등이 조화를 이루며, 화이트와인은 단맛과 신맛이 조화를 이룬다.

---

9) 와인 마실 때의 매너

■ 사양할 때

글라스 위에 가볍게 손을 얹어 거부의사를 표현한다.

■ 와인 마시는 방법

- 잔을 오른손에 들고 마시며, 와인 잔은 항상 오른쪽에 내려놓는다.
- 와인은 온도에 민감한 술이므로 마실 때는 다리를 잡는다. 차가운 와인의 경우 와인 잔의 볼을 잡아서 약간의 체온을 전달하여 마시는 것도 좋다.
- 와인을 잔에 따른 후 가볍게 원을 그리며 흔들어준다. 이때 와인이 산소와 결합되면서 맛이 풍부해진다.
- 잔을 코에 가까이 대고, 향을 맡는다.
- 한 모금을 입에 머금고, 입안의 와인을 혀 감싸듯 굴려서 맛을 음미한다.

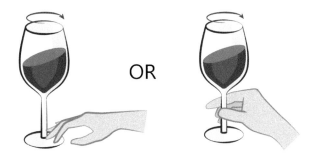

OR

Tip Point 와인에 따라 너무 많이 흔들면, 맛이 변질되는 경우도 있으니 중간중간 맛을 보면서 한다.

알아두면 좋은 와인상식

1. **코르크 마개**: 와인의 뚜껑인 코르크 마개는 와인이 숨을 쉴 수 있도록 해주는 중요한 요소이기 때문에, 와인을 눕혀서 보관하는 것이다. 세워두면 코르크의 미세한 구멍 안으로 산소가 들어가 와인이 산화될 수 있다.

2. **하우스 와인**: 하우스 와인은 레스토랑에서 만든 술이 아니라, 가볍게 와인을 즐기고 싶어 하는 손님들을 위해 레스토랑에서 항상 준비해 두는 와인이다. 고급 와인을 하우스 와인으로 쓰는 곳일수록 좋은 레스토랑이라고 할 수 있겠다.

3. **와인 침전물**: 고급 와인일수록 침전물이 많은 경우가 있다. 이는 와인 고유의 맛과 특성을 살리기 위해 여과과정을 거치지 않았기 때문이다. 따라서 와인을 마실 때, 끝까지 따라서 마시지 않고 침전물이 있는 부분은 남겨둔다. 그러나 화이트와인일 경우, 침전물이 있다면 산패된 와인임을 의심해 보는 것이 좋다.

Coffee

8 커피

커피는 단맛, 쓴맛, 떫은맛, 신맛 등이 조화를 이루며 카페인과 타닌 등이 함유되어 있다.
독특한 풍미를 주어 식사의 마지막을 마무리하는 음료로 적당하다.

1) 커피의 이해

커피는 생두를 볶아 가루로 만들어, 여과시켜 만드는 로스트 커피이다. 커피를 볶기 전 97% 정도의 카페인을 제거한 디카페인 커피, 동결건조시킨 커피가루에 물을 부어 마시는 인스턴트 커피 등도 있다.

커피는 너무 뜨겁게 마시는 음료가 아니기 때문에 85~95℃가 적당하며, 커피를 마실 때의 용기는 금속성이 닿으면 산화되기 쉬우므로 도자기나 유리컵 등에 마시는 것이 좋다.

2) 커피의 종류

■ 에스프레소(Espresso) – 커피의 본질을 아는 사람을 위한 커피

양이 적기 때문에 '데미타스'라는 작은 잔에 담는다. 잔은 반드시 뜨거운 물로 예열해서 사용해야 한다. 잔의 크기가 워낙 작아 찬물로 하면 금방 식기 때문이다. (16~20g의 원두를 분쇄하여 20~30초 안에 30ml를 추출한다.)

 도피오(Doppio) – 에스프레소 더블샷

■ 리스트레토(Ristretto) – 기분 좋은 신맛의 즐거움

리스트레토는 이탈리아어로 '농축하다', '짧다'라는 뜻으로 소량의 에스프레소를 단시간에 추출한 커피이다. 커피의 쓴맛을 즐기지 않는 사람들과 커피의 신맛을 좋아하는 사람들이 모두 선호하는 커피이다. (16~20g의 원두를 분쇄하여 15~20초 내에 15~20ml를 추출한다.)

■ 룽고(Lungo) – 씁쓸한 뒷맛을 살리는 커피

룽고는 이탈리아어로 '길다'라는 뜻으로 에스프레소를 시간상 길게 뽑아 맛을 최대한 추출하는 커피이다. 에스프레소의 두 배 정도로 추출량을 늘려 보다 씁쓸한 커피의 맛을 느낄 수 있다. (16~20g의 원두를 분쇄하여 35~40초 내에 35~40ml를 추출한다.)

■ 아메리카노(Americano)

추출한 에스프레소 1샷(30ml)에 뜨거운 물(150~200ml)을 섞은 커피이다.

■ 카페라테(Café Latte)

에스프레소에 스티밍한 우유를 넣은 커피로 우유의 온도는 65~70℃가 적당하다. 아이스 카페라테는 얼음 넣은 잔에 에스프레소 2샷을 넣고 찬 우유를 붓는다.

■ 카푸치노(Cappuccino)

에스프레소에 우유거품을 풍부하게 올린 커피로 계핏가루(Cinnamon Powder)를 뿌리기도 한다.

■ 카페모카(Caffe Mocha)

커피에 초코소스를 섞은 커피이다.

■ 캐러멜 마키아토(Caramel Macchiato)

에스프레소에 캐러멜 소스와 우유를 넣고 우유거품만 살짝 올린 커피이다.

3) 커피 마시는 방법

① 커피 잔 손잡이를 왼손으로 잡는다.

② 설탕이나 크림을 스푼으로 떠서 넣은 후 젓는다. 스푼은 컵 안에서 물기를 제거한다.

③ 왼쪽을 향하고 있는 커피 잔 손잡이를 오른손으로 잡고 돌린다. 손잡이를 손으로 잡고, 턱을 들지 않은 채 컵을 기울여 마신다.

Tip Point 손잡이에 손가락을 수평으로 집어넣어서 잡지 않는다.

커피가 만들어낸 근대문화

- **10세기**: 칼디에 의해 발견
- **11세기**: 예멘에서 재배되기 시작, 모카향이라는 이름으로 교역
- **13세기**: 아라비아를 중심으로 이슬람권에서 약으로 음용
  (카이로→터키→이스탄불로 커피가 전파되면서 1554년 이스탄불에 세계 최초의 커피하우스 개점)
- **16세기**: 커피의 향과 맛에 매료된 이탈리아 베네치아 교황에 의해 합법화 됨. 이후 네덜란드, 영국, 미국으로 전파
- **17세기**: 1645년 베네치아에 유럽 최초의 커피하우스 개점
- **18세기**: 물 대신 와인이나 맥주를 마셔 술에 취해 일했던 노동자들에게 커피는 기분을 상쾌하게 만드는 이상적인 음료로 자리매김하게 됨
- 1948년 이탈리아의 가자(A. Gaggia), 기압식 에스프레소를 발명
  1971년 시애틀의 스타벅스, 스페셜티 커피 판매

  우리나라에는 1895년 아관파천 때 고종 황실에 처음 커피가 전파되었으며, 19세기 말 정동 손탁호텔에 한국 커피하우스가 문을 열었다.

Understanding of Tea

9 차의 이해

차는 차나무의 잎을 따서 만든 것으로 색깔과 제조방법에 따라 수많은 종류가 있으며, 일반적으로 마시는 차는 불발효차인 녹차와 발효차인 홍차로 구분된다.

1) 차의 종류

- **불(不)발효차**: 찻잎에 열을 가하여 발효를 멈추게 하고 건조시킨 것으로 녹색 빛을 띠는 녹차
- **반(半)발효차**: 찻잎을 건조시켜 시들게 한 후 단기간 발효시키는 차로 녹차보다는 쓴맛이나 떫은맛이 약한 우롱차
- **발효차**: 완전히 발효시켜, 급격히 건조시킨 차로 갈색을 띤 홍차(紅茶)

2) 차(茶) 우리는 방법

- **녹차(綠茶: Green Tea)와 우롱차(烏龍茶: Oolong Tea)**
  - 준비물: 찻잔, 찻잔받침, 다관(주전자), 숙우(대사발), 물버림 사발 등

    Tip Point 이 중 가장 중요한 것은 좋은 물을 사용하는 것인데, 녹차를 우릴 때는 물의 온도를 낮게 해줘야 쓴맛과 떫은맛을 줄일 수 있다.

  - 차 우리는 방법
    ① 다관(주전자)에 뜨거운 물을 부어 따뜻하게 한 후, 다관의 물을 찻잔에 붓고, 빨리 찻잎을 넣는다. 1인분은 티스푼 하나 정도의 양이다.
    ② 숙우(대사발)에 뜨거운 물을 부었다가 70℃로 식으면 찻잎을 넣은 다관에 붓고, 뚜껑을 덮어 1~2분간 충분히 우려낸다. 그동안 찻잔의 뜨거운 물을 버린다.

③ 숙우 없이 여러 명이 마실 경우, 첫 잔에는 절반 정도만 각각 따른 후, 다시 처음에 따랐던 잔으로 되돌아 가서 잔을 마저 채운다. 다관에 있는 차는 남기지 않고 숙우나 찻잔에 모두 따른다.

④ 두 번째 차를 우릴 때는 우리는 시간을 줄이고, 물의 온도는 85~90℃로 처음보다 높게 한다.

■ **홍차(紅茶: Black Tea)**

• 준비물: 컵, 티포트(주전자), 티스트레이너(여과기), 크리머(우유, 크림 보관), 슈거볼(설탕 보관함), 설탕집게, 주전자, 티 캐디(티 보관함), 티 메저 스푼, 티코지(티포트 천 덮개), 티스푼

• 차 우리는 방법

① 물을 완전히 끓여 100℃에 도달하도록 한다.

② 티스푼으로 찻잎을 소복하게 떠서 티포트에 넣는다.

③ 완전히 끓인 물을 포트에 부으면, 찻잎이 상하로 움직인다(Jumping). 이는 홍차를 우리는 데 매우 중요한 것으로 높은 곳에서 포트 안으로 물을 붓는 것이 좋다.

④ 홍차는 잎의 종류에 따라 우리는 시간이 다르다. 가장 흔하게 먹는 다르질링, 얼그레이 등은 3~4분이 적합하다. 티스트레이너를 컵에 대고 홍차를 따른다.

Tip Point
• 티백은 한번 이상 우리지 않는다.
• 약한 맛이 나는 티의 경우 강한 차와 컵에 넣어 희석해서 마신다.
• 티포트가 여유 있을 때 우려낸 홍차를 다른 티포트에 담아내기도 한다.

3) 홍차(Tea)의 종류

■ **크림 티(Cream Tea)**

영국(Devon, Cornwall)의 남서쪽에서 왔으며, 먹을 스콘, 잼, 고형크림과, 마실 티(Tea) 종류를 선택한다.

■ **가벼운 티(Light Tea)**

애프터눈의 라이트한 티이며 먹을 스콘, 사탕과, 마실 티(Tea) 종류를 선택한다.

■ **하이티(High Tea)**

하이티는 따뜻하고, 간단하며, 앉아서 먹는 티(Tea)로 19세기 산업혁명시대에 생겨난 것이다. 오랜 시간 일하고, 배가 고파서 돌아오는 노동자들의 메인 식사이다. 주로 오후 5시쯤에 서빙되는데 한 테이블에 패밀리 스타일로 차려 서로 접시를 나눠 갖는다. 메뉴는 뜨거운 음식 또는 차가운 음식이며, 전통적인 음식은 주로 고기파이, 치즈토스트, 소시지, 차가운 고기, 빵, 치즈, 잼, 버터, 렐리시, 디저트, 과일, 그리고 티(Tea)가 제공된다. 주로 고기와 같이 제공되기 때문에 미트티(Meat Tea)라고도 부른다. 가끔 알코올이 함께 서빙되는 경우도 있다.

■ **애프터눈 티(Afternoon Tea) 서비스**

• **테이블 세팅**

① 테이블 세팅 시 싱글 테이블로 부족하다면 두 개 이상을 사용해도 좋다.

② 두 개의 차 도구를 준비하는데, 하나는 차에 관련된 기구, 하나는 커피의 기구를 준비한다.

③ 뜨거운 물이 담겨 있는 주전자와 티포트의 주둥이는 따르는 사람을 향해야 한다.

④ 3단 트레이인 케이크 스탠드에 티와 먹을 간식을 준비한다(1단: 스콘과 샌드위치, 2단: 케이크 및 베이커리류, 3단: 쿠키, 마카롱, 설탕에 절인 과일 등).

Tip Point 격식을 차린 티 테이블에서는 두 개의 실버 서비스를 테이블의 반대편에서 한다. 하나는 티를 위한 것이고 하나는 커피를 위한 것이다.

4) 차 마시는 매너

- 스푼을 컵에 넣어두지 않고, 받침에 둔다.

- 얼음물에서 얼음을 꺼내 뜨거운 음료에 넣지 않는다.

- 매우 캐주얼한 경우 외에는 도넛, 비스킷 등을 커피에 찍어 먹지 않는다.

- 빅토리아시대에 꾸며진 컵으로 마실 경우, 새끼손가락을 구부리지 않는다.

- 스탠딩 파티 때는 컵받침을 왼손에, 컵을 오른손에 들고 있지만, 테이블에 앉은 상태에서 마실 때에는 기본적으로 컵받침은 손으로 들지 않는다.

- 레몬 티의 레몬은 넣은 채로 두지 않는다. 컵 앞쪽이나 전용 접시가 있으면 접시에 놓는다.

- 미국의 경우, 식사할 때 커피를 마시는데 원래는 디저트를 위해 남겨두어야 하며, 식사가 끝난 후에 마신다.

- 커피 잔과 받침은 디저트 접시 오른쪽에 세팅되어 있다. 유럽 다이닝 스타일에서 커피와 차는 오직 디저트와 함께 서빙된다.

- 테이블 위에 있는 설탕, 크림 등을 전달해 줘야 할 경우, 이를 필요로 하는 사람의 왼쪽에 있는 사람이 오른손을 사용하여 설탕 또는 크림이 담긴 그릇을 잡고, 왼손으로 옮겨 오른쪽에 있는 사람에게 전달한다.

- 3단 트레이의 간식은 단맛이 적은 가장 아랫부분부터 먹는다.

- 찻잔 손잡이를 왼손으로 잡고, 설탕 또는 크림 등을 넣은 후, 손잡이를 오른쪽으로 돌려서 오른손으로 손잡이를 잡고 마신다.

Tip Point
- 만약 핑거푸드가 접시에 제공될 경우, 개인접시는 보통 따로 제공되지 않는다.
- 격식을 차린 티(Tea) 서비스의 경우, 음료를 따뜻하게 유지해 주는 알코올 버너(휴대용 가열기구), 설탕큐브가 담긴 슈거볼, 슈거집게, 크림이 담긴 크림그릇이 함께 제공된다.

참고문헌

김은지. 커피수첩(내 입맛에 딱 맞는 60가지). 우듬지, 2010.

김지영 외. 새로 쓴 테이블 & 푸드 코디네이트. 2014.

댄 주래프스키. 음식의 언어. 어크로스, 2015.

류무희 외. 음료의 이해. 파워북, 2011.

박용민. 맛으로 본 일본. 헤어북스, 2014.

오재복 외. 새로 쓴 테이블 코디네이트. 교문사, 2012.

오재복. 테이블매너. 백산출판사, 2011.

와타나베 타다시 감수. 한영 옮김. 폼나게 식사하기. 북앳북스, 2007.

윤덕노. 음식잡학사전-음식에 녹아 있는 뜻밖의 문화사-. 북로드, 2007.

이영미. 파스타. 김영사, 2004.

정현숙·조연숙. 세계 식생활 문화 이해. 양서원, 2012.

조영대. 글로벌 에티켓과 매너. 백산출판사, 2010.

하숙정 외. 50년 역사로 엮은 한국음식. 수도출판문화사, 2015.

하인리히 E. 야콥. 빵의 역사. 우물이 있는 집, 2002.

한정혜, 만화로 배우는 테이블매너. 김영사, 1996.

한정혜, 한정혜의 매너스쿨. 김영사, 1993.

한정혜. 매너는 매력이다. 석필, 1996.

한정혜·오경화. 생활매너. 백산출판사, 2003.

호리구치 토시히데 지음. 윤선해 옮김. 커피교과서. 벨라루나, 2012.

황지희 외. 커피 & 티. 파워북, 2009.

Cindy P. Senning, & Peggy Post. Emily Post's Table Manners for Kids. Harper Collins, 2009.

Dr. R. C. Bouer. Basic Western Table Etiquette and Waiter Service. AuthorHouse, 2013.

Emilie Barnes. Good Manners in Minutes: Quick Tips for Every Occasion. Harvest House Publishers, 2010.

Jeremiah Tower. Table Manners: How to Behavior in the Modern World and Why Bother. Thorndike Press, 2016.

John Bridges, & Bryan Curtis. A Gentleman at the Table. Thomas Nelson, 2004.

Mercedes Alfaro. Business Dining Etiquette: Where Business and Social Skills Meet. eBookIt, 2011.

Robert A. Palmatie. Food: A Dictionary of Literal and Nonliteral Terms. Greenwood Press, 2000.

Sheryl Shadc, John Bridges, & Bryan Curtis. A Lady at the Table. Thomas Nelson, 2004.

Suzanne von Drachenfels. The Art of the Table. Simon&Schuster, 2000.

今田美奈子. 傳統の 作法. 講談社, 1994.

小倉朋子. 世界一美しい 食べ方のマナー. 高橋書店, 2015.

日本フードライセンス国際協会. 食のプロになろうフードスタイリスト. 書肆侃侃房(しょしかんかんぼう), 2014.

森下栄えみこ. 私のテーブルマナー本当に大丈夫? (株)KADOKAWA, 2015.

渡辺忠司. 食べ方のマナーとコツ. (株)学習研究所, 2005.

http://www.bridal-inoue.com/wa/heya/

http://www.etiquettescholar.com

http://www.jp-guide.net/manner/sa/dinner.html

http://www.viagourmet.com

https://members-club.flets.com/pub/pages/contents/list/bunkamura/ls/manners/121101-2/01.html

[네이버 지식백과] 소흥주[紹興酒](식품과학기술대사전. 광일문화사, 2008. 4. 10).

[네이버 지식백과] 한국의 식사 예법(우리가 정말 알아야 할 우리 음식 백가지 2. 초판. 현암사, 1998, 10쇄. 2011).

저자소개

오재복

경기대학교 관광전문대학원 식공간연출전공 교수
경기대학교 관광전문대학원 관광학 박사
경기대학교 관광전문대학원 관광학 석사

노연아

기업체 출강
경기대학교 관광전문대학원 식공간연출전공 박사과정
경기대학교 관광전문대학원 관광학 석사

박반야

경기대학교 관광전문대학원 출강
경기대학교 관광전문대학원 관광학 박사
서강대학교 경영전문대학원 경영학 석사

백종준

한국전력공사 재직 중
삼성테크윈 디자인실
서울대학교 미술대학 산업디자인학과 공업디자인전공 학사

저자와의
합의하에
인지첩부
생략

따라하고 싶은 테이블 매너

2017년 3월 5일 초판 1쇄 인쇄
2017년 3월 10일 초판 1쇄 발행

지은이 오재복·노연아·박반야·백종준
펴낸이 진욱상
펴낸곳 백산출판사
교   정 편집부
본문디자인 오행복
표지디자인 오정은

등   록 1974년 1월 9일 제1-72호
주   소 경기도 파주시 회동길 370(백산빌딩 3층)
전   화 02-914-1621(代)
팩   스 031-955-9911
이메일 edit@ibaeksan.kr
홈페이지 www.ibaeksan.kr

ISBN 979-11-5763-345-6
값 18,000원